増補改訂版

つくられた放射線「安全」論

島薗　進

専修大学出版局

はじめに

二〇一一年三月一一日の東日本大震災に続いて起こった東京電力福島第一原子力発電所の事故から一〇年が経過しようとしている。この事故により、大量の放射性物質が放出・漏出され、福島県浜通り、中通りの住民や事故処理のために働く作業員をはじめ、膨大な数の人々がふだんよりもはるかに高い線量の放射線を受けることになった。それによって生じた苦しみ、悩みははかり知れない。

被災住民等が切実に求めたのは、放射性物質による汚染の情報や、放射能による被害の可能性についての情報だった。だが、政府や東京電力から提供される情報はまことに少なく、質的にも低いものだった。大新聞やテレビなどのマスコミから流される情報も信頼性の薄いものだった。

マスコミにはしばしば科学者が原発や放射線の専門家とよばれて登場したが、彼らの提示する情報も確かなものとは感じられなかった。汚染地域の住民の、とりわけ子どもの健康に「直ちに影響がない」と言われても、先のことは知らされず、どうすればよいか分からない。

やがて、そうした科学者や専門家の多くが原発推進のために力を尽くしてきた人々で、「安全神話」を担ってきた人々であることが見えてきた。「原発ムラ」とか「御用学者」などの語が広まったのもうなずけることだった。

だが、放射性物質に汚染された地域で暮らし、汚染されているかもしれない食品を摂取することがどれほど危ういことなのかについては、問題がいっそう複雑だった。どれほど健康被害の可能性があるのか、よく分からない。さまざまな専門家の情報があるのだが、政府筋の専門家からは「健康影響はほとんどないだろう」、つまり安全だという類の情報ばかり流れてくる。だが、それを信じてよいのかどうか。いつまでたってもよく分からないのだ。

では、放射線健康影響の専門家とはどういう人たちで、どのような根拠に基づき、どれほど確かなことを言ってきたのか。本書では私なりに調べて分かってきたことについて述べていく。

分かったことを要約すると以下のとおりだ。日本の放射線の健康影響の科学者・専門家の間では、一九八〇年代後半から原発推進に都合がよい、低線量放射線は安全だと示すための研究が進められ、九〇年代以降、放射線の影響そのものよりも放射線への不安こそが被害を招くとする言説が広められてきた。事故後には、これらの科学者・専門家だけでなく、多くの科学者がそうした言説を支持した。そして、事故による健康被害はとるに足りないもので、不安をもつことの方が悪影響を及ぼすと語られた。被害がある可能性について述べることが被災地の人々の生活を脅かす。健康影響の危険について語ることが風評被害をもたらす、と。

そうなると初期の放射線の広がりやそれによる健康への影響について調べることも、住民に好ましくない影響を与えることになる。このような考え方が通用している社会では、健康被害について語ることはしにくくなる。不安を胸のうちにしまっておかなくてはならなくなる。また、健康影響がとるに足りないと考える人とできれば避けたいと考える人の間に分断が起きることになる。

多くの住民にとって、政府も自治体も専門家も「調べない、知らせない、助けない」という姿勢なのだ、と感じざるをえない状況が続いた。避難した人もとどまった人にもそのような冷ややかな日々が続くことになった。

二〇二一年の現在に至ってもその思いはかわりないだろう。「被害がなかったことにされる」と感じている人は今も多い。なぜ、どのようにしてそんなことが起こったのか。本書は科学者・専門家の行動と言説という側面から、それを明らかにしようとする。

本書の叙述によって、福島原発災害後に被災住民等が放射線情報の混乱によって苦しめられた理由がよりよく見えてくることを願っている。私は科学者・専門家の不適切な情報が混乱の要因の中でもかなり大きなものだったと考えている。それについては、今後、できる限りあらためていく必要があるだろう。だが、それだけではない。事故後に信頼を失うような科学者・専門家集団を生み出した日本の科学技術や学術研究のあり方も問い直されなくてはならない。科学者・専門家が多くの人々を惑わし苦しめるような、歪んだ情報発信や政策への関与を行うに至った理由をよく考え直してみたい。『つくられた放射線「安全」論』という本書の題はそのような意図を示すものだ。

本書の初版は、二〇一三年二月に刊行された。この増補改訂版でも新たな情報を付け加えた箇所は多々あるが、大きな変更は加えていない。ただ、第一章6節は全面的に書き改め、二〇一三年以後の事態の展開をかいま見ることができるようにした。明るい方向への展開はあまり見えていない。それ故にこそ、本書にはなお果たしうる役割があると考えている。

増補改訂版

つくられた放射線「安全」論　目次

第一章　放射線健康影響をめぐる科学者の信頼喪失　39

増補改訂版

つくられた放射線「安全」論

序章　不信を招いたのは科学者・専門家

1．事故後早期の放射線健康影響情報

放射線被害による避難地域

原発による放射線被害を多くの人たちが憂慮していた時期のことを思い出そう。二〇一一年八月二九日の時点で、警戒区域（福島第一原発から半径二〇キロメートル圏）で約七万八千人、計画的避難区域（二〇キロメートル以遠で年間積算線量が二〇ミリシーベルトに達するおそれがある地域）で約一万一〇人、緊急時避難準備区域（半径二〇～三〇キロメートル圏で計画的避難区域及び屋内避難指示が解除された地域を除く地域）で約五万八五一〇人、合計では一四万六五二〇人の避難者がわが家を追われ、たいそう不便な生活を続けなくてはならなかった（東京電力福島原子力発電所事故調査委員会『国会事故調報告書』徳間書店、二〇一二年九月、三三一ページ）。

これらの人々の中には、避難の途上で高い線量の放射線を長い時間、浴びなくてはならなかった人たちもいた。飯舘村や川俣町山木屋地区、浪江町津島地区などでは高線量であることを知らされるのが遅れ、計画的避難区域に指定されたのはようやく四月二二日のことだった。また、彼らの多くはその後長期にわたってまったく、あるいはたまにわずかな時間しか家に帰ることができない状態に置かれた。

他方、避難した人は少なかったが、福島県を中心に関東以北のかなり広い範囲の地域の人々も、事故に

よる放射線の被害に強い不安をもたざるをえなかった。多くの野菜等の食品を食べることができなくなり、水道水を飲むことができない状況に置かれることもあった。農業、牧畜業、漁業をはじめとする生産者がこうむった打撃も甚大なものがあった。牧畜を止めなければならず、将来を悲観して自殺をせざるをえなかった人も出た。放射性物質が入った雨がからだに触れるのを避けたり、放射性物質を含んだほこりを吸収しないためにマスクをしたりしなくてはならない日が続いた。

学校等の子どものための二〇ミリシーベルト基準

そうした不安な日々を生きている人々をさらに不安に陥れた出来事は、学校等の再開に関わる官庁からの指示だった。四月一九日に文部科学省と厚生労働省が示した「福島県内の学校等の校舎・校庭等の利用判断における暫定的考え方」とその後の経緯は衝撃的だった。以下、私が五月三日に記したブログ記事にそって顧みておこう。

この文書の骨子は、「ＩＣＲＰ（国際放射線防護委員会）の「非常事態が収束した後の一般公衆における参考レベル」一～二〇ミリシーベルト／年（一年あたり二〇ミリシーベルト）を暫定的な目安として設定し、今後できる限り、児童生徒の受ける線量を減らしていくことを指向」するというものだ。ここから複雑な換算を行って一時間あたり三・八マイクロシーベルトという数字を引き出し、これを福島県内の幼保育園と小中学校の校舎などを通常利用する際の限界放射線量とする具体的な基準が導かれる。

この「暫定的考え方」が大いに問題をはらんだものであることは、やがて多くの国民に露わになった。四月二九日に、三月一六日より内閣官房参与を任じられていた放射線安全学の小佐古敏荘東大教授が参与の辞任の意を表明したことが大きなきっかけになった。小佐古氏が公表した「内閣官房参与の辞任にあたって」において、同氏は「年間二〇ミリシーベルト近い被ばくをする人は、約八万四千人の原子力発電所の放射線業務従事者でも、極めて少ないのです。この数値を乳児、幼児、小学生に求めることは、学問上の見地からのみならず、私のヒューマニズムからしても受け入れがたいものです」と述べ、「小学校の校庭の利用基準に対して、この年間二〇ミリシーベルトの数値の使用には強く抗議するとともに、再度の見直しを求めます」と論じている。

内閣官房参与がこのように批判する「福島県内の学校等の校舎・校庭等の利用判断における暫定的考え方」はいったいどのように決められたのか。四月一九日に文科省から福島県教育委員会、福島県知事、地方公共団体の長らに送られた通知では、「去る四月八日に結果が取りまとめられた福島県による環境放射線モニタリングの結果及び四月一四日に文部科学省が実施した再調査の結果について、原子力安全委員会の助言を踏まえた原子力災害対策本部の見解を受け」まとめたものだと述べている。

多くの異論を排除した決定

では、原子力安全委員会の助言とはどのようなものか。四月三〇日になって、実は議事録が残っていないことが明らかにされた（共同通信）。このような重要な役割を負わされた委員会に議事録がないというのは信じがたいことだ。しかも、原子力安全委員会は四月一四日に二〇ミリシーベルトではなく一〇ミリシーベルトの基準を妥当としていたとも、同委員会の代谷誠治委員（核エネルギー学、京都大名誉教授）が一〇ミリシーベルトの基準が妥当だと述べたとも伝えられた。

さらに、五月一日にはジャーナリストの江川紹子氏がブログで、原子力安全委員会の他のメンバーである放射線防護学の本間俊充委員（日本原子力研究開発機構安全研究センター副センター長）が二〇ミリシーベルトは不適切との考えを述べていることを明らかにした。これはインタビューによるものだが、本間氏は「今までは一ミリシーベルト／年が安全か不安全かの境だと思っている住民に、いきなり二〇ミリシーベルト／年を上限に設定したら、相当混乱するでしょう。特に、子どもに関して、飯舘村で計画的避難の指標として出した二〇ミリシーベルト／年としたら、『とても受け入れられないでしょう』と申し上げた」と述べている。

このように政府の方針の決定に深く関与するはずの専門家が疑義を述べている二〇ミリシーベルト／年基準を強いられるのは、福島県の住民、とりわけ子どもをもつ親たちにとってたいへんつらいことであり、容易に納得しがたいところだろう。事実、ツイッターなどでは福島県民の間に怒りが渦まいている様子がうかがわれた。福島県民はこれまで「放射能は安全だ」、政府や県は県民の健康を十分考慮しているという言説をたっぷり浴びてきた。それが丸ごとひっくり返るような事態と感じた県民も多かったにちがいない。

リスクについての専門家の異なる見方

「安全」言説はどのように振りまかれてきたか。原子力発電所を積極的に支持してきた佐藤雄平福島県知事の意向を反映するものかどうかは分からないが、福島県知事が招聘した福島県放射線健康リスク管理アドバイザーであり、原子力安全委員会のメンバーでもある山下俊一・長崎大教授が大きな影響を及ぼしてきたことは確かである。

山下俊一氏は「安全」をことさらに強調してきたが、私は事故後の早い段階でこの重要な役割を負った専門家の言説の特異さに驚いた。そして、私のブログ「島薗進・宗教学とその周辺」に「放射性物質による健康被害の可能性について医学者はどう語っているか」という文章を書き（三月二三日）、以下のような山下氏の言説を引いてその問題点について述べた。

一度に一〇〇ミリシーベルト以上の放射線を浴びるとがんになる確率が少し増えますが、これを五〇ミリシーベルトまでに抑えれば大丈夫と言われています。原発の作業員の安全被ばく制限が年間に五〇ミリシーベルトに抑えてあるのもより安全域を考えてのことです。

放射線を被ばくをして一般の人が恐れるのは将来がんになるかもしれないということです。そこで、もし仮に一〇〇人の人が一度に一〇〇ミリシーベルトを浴びると、がんになる人が一生涯のうちに一人か二人増えます（日本人の三人に一人はがんで亡くなります）。ですから、現状ではがんになる人が目に見えて増えるというようなことはあり得ません。（ＳＭＣ〔サイエンス・メディア・センター〕の二〇一一年三月二二日配信の記事「放射性物質の影響　山下俊一・長崎大教授」）

これなら、一度にではなく一年に一〇〇ミリシーベルトというような被ばく線量ではおおよそ安全だということになる。二〇ミリシーベルトなどはその五分の一なのだから問題にもならないということになるだろう。だが、これは小佐古氏や本間氏が述べることと著しい隔たりがある。たとえば、江川紹子氏のインタビューの先に引用した箇所に続く部分で、本間氏は次のように述べている。

ＩＣＲＰは、大人も子どもも一緒でいい、などとは言っていません。確かに外部被曝の影響は大人も子どももあまり違いは出ていませんが、やはり子どもは感受性が高く、より守らなければならない。他に、妊婦などの感受性を考えなければならない人たちがいます。

今は、日本人の三分の一がガンで死にます。ガンを発症する理由はいろいろで、多くは何が原因か分からない。私のような年だと、多少放射線を浴びても、それが原因でガンを引き起こす前に、別の理由でガンになって死ぬでしょう。でも、子どもは余命が長い（ので、その間に影響が出る可能性は年長者より高い)。だから、子どもに関しては特にケアしていくべきです。

精神主義的な安全論

子どもへの配慮の必要性を述べたこのような内容は、福島県を意識した山下氏の発言には見られない。原発事故以後の山下氏の発言で目立つのは、決意をもって福島の地に留まるべきだという精神主義的な鼓舞である。三月二一日の講演会の筆記録を見ると、山下氏は次のように述べている。

今は非常事態ですからご心配が多いけれども、いずれこれは治まって、安全宣言がされて、復興のいかずちを上げなくてはいけません。しかし、今はその渦中です。火の粉が降り注いでいるという渦中で、これをどう考えるかということを皆様方は念頭に置いてください。今その渦中にいる我々が予測をする、あるいは安心だ、安全だという事は、実は非常に勇気のいる事であります。危ない、危険だ、最悪のシナリオを考えるという事は、これは、実は誰でも出来るんです。しかし、今の現状を打破するためにどう考えるかという時に、今のデータを正直に読んで皆様に解釈してお伝えするというのが私たちの役割であります。

一市民がしろうとの個人的信念として述べるのならどうこう言うべきものではないが、これはこの分野の専門家として助言を求められていた科学者が、「将来のがんをも恐れず、安全と信じて戦おう」と福島県民に訴えているわけだ。福島県放射線健康リスク管理アドバイザーや原子力安全委員会の委員の公衆の前での発言として適切なものだろうか。また、このような信念のもとで「一〇〇ミリシーベルト以下はまったく安全」と説かれているとしたら、疑いの念が起こらないだろうか。

影響の大きい専門家としての科学者がこのように特異な言説を語って来たことは、福島県民にとってたいへん不幸なことだった。だが、加えてマスメディアがこうした専門家の言説をそのまま無批判に受け入れ、垂れ流してきたことも大いに問題である。

メディアはどのように伝えていたか？

私のブログに掲載した「原発による健康被害の可能性と安全基準をめぐる情報開示と価値の葛藤」（二〇一一年四月二〇日）でも述べたように、朝日新聞は四月二〇日の朝刊で「福島県内の学校等の校舎・校庭等の利用判断における暫定的考え方」を報道する際、唯一、山下俊一長崎大教授の「人体への影響はほとんどない」というコメントを載せている。朝日新聞は二一日の夕刊、二二日の朝刊等で繰り返し、山下氏やそのチームの専門家の見解をそのまま記載している。

それはその後も続く。二四日の朝刊の「ニュースがわからん！ワイド」の「放射線、体にどんな影響があるの？」では、「普通は、この値が一〇〇ミリシーベルトを超えなければ、体に影響は出ないとされている」とある。二七日朝刊の「ニュースがわからん！ワイド」「放射能、子どもは大丈夫かしら？」でも、この言葉はそのまま記されている。だが、「影響は出ない」というのは真実か。

先の江川氏によるインタビュー記事で、本間氏は「我々放射線防護の観点では、一〇〇ミリシーベルトを超えなければ「確定的影響」はないが、それ以下でも「確率的影響」はあると考えます」と述べている。「確定的影響」とは「大量の放射線を浴びてしまい、体の組織に対してすぐ影響が出ることで、深刻な場合は死に至ります」。一方、「確率的影響というのは、すぐに身体に影響は出ないけれども、その後何年かして一定の確率でガンを発症する場合などを指します」という。「影響は出る」のだ。

朝日新聞の記事は、本間氏の見解から見れば誤りだし、おそらくかなり多くの専門家が誤りであると述べるだろう。なぜ、そのような言説を繰り返し述べ続けているのか。取材源が特定専門家に限られているのではないか。あるいは特定専門家の言説を基にしたある「教説」を記事執筆の基準に定めたのだろうか。朝日新聞のように多くの読者がおり、影響力の大きい新聞がこのような一方的な記事を繰り返してきたことは残念なことである。少なからぬ福島県民は、山下氏やそのグループの専門家の狭い考え方を福島県とマスメディアの双方から押し付けられてきたと感じている。こうした情報発信によって対策が遅れたことも否定できないところだ。

2. 放射線健康影響情報の混乱――『国会事故調報告書』はどう捉えているか?

放射線健康影響をめぐる情報が混乱した理由

二〇一二年末までのところ、事故後の放射線健康影響をめぐる情報が混乱した理由について、まとまった記述が見られるのは『国会事故調報告書』だ。その4・4「放射線による健康被害の現状と今後」はおよそバランスのとれた記述と言ってよいだろう。そこにも述べられているように、この度の事故で懸念されているのは、事故時の短い時間に大量の被ばくをして現れる急性障害、すなわち「確定的影響」とよばれるものではなく、低線量(一〇〇ミリシーベルト以下)の放射線を浴びた場合の晩発性障害、すなわち「確率的影響」とよばれるものだ。

この低線量被曝による確率的影響については、国際放射線防護協会はLNTモデルを採用している。LNT(liner non-threshold:直線しきい値なし)モデルというのは、一〇〇ミリシーベルト以下の低線量であっても健康被害をもたらす影響がなくなる値(しきい値)を設けることはできず、直線的な比例関係で減っていくとみなすものだ。『国会事故調報告書』はこれについてこう述べている。

放射線被ばくが少なくなれば、それにしたがってリスクは減少するが、ゼロになるのは放射線がゼロの場合のみである。この考え方は、放射線影響に関する国際的な機関で広く承認されている。

ＬＮＴモデルが国際的に合意されているのは、原爆被爆者をはじめとする疫学調査に加えて、膨大な数の動物実験や試験管内の実験などから得られた結果を考慮しているからである。

一〇〇ミリシーベルト以上の被ばくについては、文科省も安全委員会も線量に応じてがん死が増えることは認めている。ＩＣＲＰのＬＮＴモデルから計算すると、一〇〇ミリシーベルトの被ばくでは〇・五％がん死が増える。これは一〇〇〇人が一〇〇ミリシーベルト被ばくすると、がんで死亡する人が五人増えるということである。（四〇二―四〇三ページ）

放射線環境汚染による被ばくリスク

この度の事故と類似する環境汚染による被ばくリスクについては、長期にわたる低線量被ばくは同じ線量でも影響が小さいとする考え方があるが、『国会事故調報告書』はその考え方に反する証拠が多いと述べている。

昭和二四（一九四九）年から七年間にわたりウラル山脈の南東に位置するマヤーク生産共同体の施設から住民に知らされることなく、核廃棄物がテチャ川に流された。この地域住民の年間平均被ばく線量は四ミリシーベルトであり、その五五％は内部被ばくである。一シーベルト当たりの固形がんによる死亡、白血病は対照のそれぞれ約二倍、五・二倍と報告されている。（四〇四ページ）

「対照」というのは、比較のために調査された、汚染による被ばくをしていない人々のことである。『国会事故調報告書』は、続いてＩＡＲＣ（国際がん研究機関）が一五ヶ国の核施設労働者四〇数万人を対象として行った、がん死リスクの調査について述べている。

その調査結果によると、労働者の九〇％以上は五〇ミリシーベルト以下の被ばくで、がん死は線量に依存して増え、白血病を除く全固形がんについては一シーベルト当たりのがん死は対照の一・九七倍であり、慢性リンパ性白血病を除く白血病については対照の三倍になっている。

ドイツ、英国、スイスの三国の原子力発電所周辺五キロメートル以内に住む五歳以下の子どもに白血病が増加したという報告が出された。ドイツの場合原発周辺の線量は年間〇・〇九ミリシーベルトである。これらのデータから見ると放射線はゆっくり浴びたからといってそのリスクが低くなるとはいえない。（四〇四ページ）

子どものリスク、がん以外の健康影響

また、『国会事故調報告書』は子どもや胎児が放射線被ばくした場合、より影響が大きくなると考えられてきたことに注意を促している。

放射線への感受性は年齢が低いほど高いことは広島、長崎の原爆被爆者の調査でも明らかにされている。被ばく時、年齢ゼロ歳であると四〇歳で被ばくした場合に比べてそのリスクは女性で約四倍、男性で約三倍になると計算されている。また、幼児期に一〇ミリシーベルトから二〇ミリシーベルト

被ばくすると小児白血病や小児固形がんのリスクが一・四倍になるとする報告もある。若年者は放射線感受性が高いという事実のほかに、特に配慮しなければならないのは彼らの余命が長いことである。その間に再び被ばくのリスクを負う可能性もあり、それが蓄積するからである。年間二〇ミリシーベルトは原子力発電所などで働く成人の五年間の平均被ばく線量限度である。胎児を含めた年少者の感受性の高さを考慮すると、福島の若年者は放射線作業者以上のリスクを背負うことになる。（四〇五ページ）

原発推進側に立ってきた放射線の健康影響研究の専門家たちは、低線量被ばくの影響としてがんだけを考慮すればよいかのように述べるのを常とする。だが、『国会事故調報告書』はがん以外の疾患についてもしっかり配慮すべきだと述べている。

ウクライナからの報告では、汚染地からの避難者や事故処理者、彼ら、彼女らの子ども、汚染地域に住む子どもたちの免疫力の低下が顕著で、内分泌系等の疾患を持つ割合が高いとされている。首相官邸や文科省などの公式見解では、チェルノブイリ原発事故で増加したのは小児甲状腺がんのみとしているが、甲状腺がんのみをとってみても、事故当時四〇歳以上であった大人に罹患率が増加していることは明らかである。（四〇六ページ）

政府・電力会社の伝え方――事故前・事故後

では、政府や電力会社は放射線のリスクをどう伝えてきたか。『国会事故調報告書』は続いてこのように問題を立てている。事故以前、長期にわたって放射線の安全性や利用のメリットばかりが強調されてきた。展示館や広報文書等では「放射線は太古の昔からあり、人間はその中に生きてきたのだから心配しなくていい」「放射線は医療、工業などに利用されていて有用である」などと、「放射線の安全性、利用のメリットのみを教えられ、放射線利用に伴うリスクについては教えられてこなかった」(四〇七ページ)。

事故後はどうか。多くの住民は放射線の危険性についての判断の基準になる情報を求めていた。「特に母親は子どもに与える飲食物の汚染度や環境から受ける放射線量、それが健康に及ぼす影響について正確な知識を求めた。しかし、文科省による環境放射線のモニタリングが住民に知らされなかったこと、学校の再開に向けて年間二〇ミリシーベルトを打ち出し、福島県の母親を中心に世の反発を浴びたことに象徴されるように、住民が納得するようなものではなかった。」

政府は「自分たちの地域がどれほどの放射線量で、それがどれだけ健康に影響するのか」という切実な住民の疑問にいまだに答えていない。事故後に流されている情報の内容は事故以前と変化しておらず、児童・生徒に対してもその姿勢は同様である。

放射線の影響は線量に比例して増加し、安全量はないという国際的な認識が伝えられ、またそのリスクが生活の中でどのような意味を持つのか、どうやって測定し、どうすれば影響を減らせられるのかが分かれば、どのように日々を過ごせばよいのか判断の助けになる。(中略)

事故が起きた際にも、過去と同じように安全、安心の一方的な情報提供では、保護者も生徒も、信じるか、信じないかの二者択一を迫られるかたちとなってしまい、自分でどう判断するかの基準が得られない。(四〇七ページ)

リスク・コミュニケーションの転換へ

これは「リスク・コミュニケーション」に関わる問題である。『国会事故調報告書』はこれについて、イギリスやフランスと比べて日本の取り組みが遅れていたこと、そしてその欠陥が事故後のコミュニケーションに大きな悪影響を及ぼしたことに論及する。

> とりわけイギリスでは平成一二（二〇〇〇）年以後、原子力や核エネルギーの分野については、リスクコミュニケーションの必要性から、社会的現実的な問題を含め物理、科学〔化学か？――島薗注〕などの理系の教科書の中で論じられている。これは平成七（一九九五）年に起こった牛海綿状脳症（BSE）事件を契機に、教育や公的機関の発する情報に対する信頼の喪失を経験して、従来の啓蒙主義教育観の問題点を総括し、科学技術リテラシーを育てる双方向コミュニケーションの方向性を大幅に取り入れた教育へと変革していった経緯がある。（中略）
>
> 一方、日本ではこれだけの大事故を起こし、それがいつ終息するとも分からない状況にありながら、政府、事業者の認識は事故以前と変わらず、危機感が全く感じられない。反面、住民は自ら情報を得て自ら学ぼうとする積極的な姿勢に変わってきている。客観的根拠、科学的根拠に基づいた批判的思考（critical thinking）、常に問いを投げかける姿勢を学びつつある。政府、事業者の認識が変わらない中で、住民はこの事故を契機に確実に賢くなっている。この流れは、科学技術的なリテラシーを踏まえて望ましい社会構築を目指す方向につながる可能性があり、子どもたちにも受け継がれるべきものである。（四〇八ページ）

ここで「啓蒙主義教育観の問題点」とされているのは、一般市民には科学知識が欠如していると見て、一方的に知識を授けることをリスク・コミュニケーションと考えるもので、「欠如モデル」ともよばれている。科学技術を推し進める側が、多様な立場の専門家や一般市民の側からの認識や考え方を受け入れて、相互にリスク認識やリスク評価のやりとりをするという双方向的なリスク・コミュニケーションこそ目指されるべきものだが、そのことが理解されていない――『国会事故調報告書』はこのように論じている。

3．放射線健康影響をめぐる科学者・専門家の責任

政府・事業者と科学者・専門家

放射線健康影響をめぐる情報についての『国会事故調報告書』の叙述はおおよそ納得できるものだが、少し分かりにくい点がある。それは「リスクをどう伝えたか」が大きな問題であると把握しながら、それを「政府や電力会社」の側の問題として論じていることだ。実際には、放射線の健康リスクに関わる情報を提示する際に主導的な役割を担ったのは、その領域の専門家とされる科学者たちだったからだ。そして被災地住民や一般市民から問いを投げかけられ、それに答えることができずに不信を招き続けたのもまた専門科学者たちだった。

そこで、「御用学者」という言葉が多用されるようになった。これは原子力工学など原子炉の安全性やエネルギー問題に関わって原子力が優れていると論じてきた科学者・専門家を指すとともに、放射線の健康影響に関する科学者・専門家を指す語としても用いられるようになった。その代表は先に名前が出てきた山下俊一氏だが、この山下俊一氏に対する不信は、放射線の健康影響に関する科学者・専門家に対する不信を象徴するものとなった。

山下氏が強い不信の対象となったのは、山下氏が福島県放射線健康リスク管理アドバイザー、福島医大

副学長、福島県県民健康管理調査の中心人物、首相官邸の原子力災害専門家グループの一員など、重要な役職を務め、事故後の放射線被ばく対策の立案に大きな役割を果たしたことによるだろう。また、その一方で放射線被害を気遣う市民の神経を逆撫でするような失言（?）が多かったことにもよるだろう。

山下氏は事故直後に福島県内の講演で以下のような発言を繰り返し、それはインターネット等を通して広く伝えられていた——「放射線の影響は、実はニコニコ笑ってる人には来ません、クヨクヨしてる人に来ます」、「笑いが皆様方の放射線恐怖症を取り除きます」、「これから福島という名前は世界中に知れ渡ります。福島、福島、福島、何でも福島。これは凄いですよ。もう、広島・長崎は負けた」（三月二〇日）、「科学的に言うと、環境の汚染の濃度、マイクロシーベルトが……五とか、一〇とか、二〇とかいうレベルで外に出ていいかということは明確です。昨日もいわき市で答え《ママ》られました、「今、いわき市で外で遊んでいいですが」「どんどん遊んでいい」と答えました。福島も同じです。心配することはありません」（三月二一日）（「告発された医師——山下俊一教授　その発言記録（一部）」『DAYS JAPAN』第九巻一一号、二〇一二年一〇月）。

いわき市はセシウムはそれほど飛んでこなかったようだが、それでもだいぶ飛んできた。もっと気になる放射性ヨウ素はどうか。

放射線リスク楽観論の科学者・専門家の一群

しかし、山下氏は責任ある地位につき続けた。そして、放射線健康影響や核医学の専門家の中で、山下氏を批判する人は少なく、むしろほぼその立場を支持する科学者が多かった。二〇一一年九月、山下氏が朝日がん大賞を受賞したのは、多くの専門科学者が原発事故後の山下氏の活動を支持する意思をもっていたことを示すものだろう。長崎大学のホームページには、以下のような記述が見出される（二〇一二年一一月一四日現在)。

朝日がん大賞は、公益財団法人日本対がん協会が朝日新聞社の協力で二〇〇一年より創設したもので、将来性のある研究や活動等を対象に贈られています。今回、山下教授によるチェルノブイリ原発事故後の子どもの甲状腺がんの診断・治療と、福島第一原発事故後のひばく医療の取り組みが高く評価されました。

そこには公益財団法人日本対がん協会が発表した受賞理由も記されている。

放射線と健康リスクの最前線でのグローバルな研究実績が評価される。
また、今年三月に発生した東京電力福島第一原発事故の現地で、低線量慢性放射線被曝による発ガンリスクの評価と長期にわたる県民健康管理プロジェクトに携わり健康リスクを調査研究すると同時に、新たな放射線医療科学の世界拠点と体制づくりの中心的存在として注目される。

「低線量被ばくでは健康への悪影響はたいへん小さい」という山下氏を支持する立場の多くの科学者がいるのでなければ、このような受賞はありえないだろう。山下氏の師である長瀧重信氏（長崎大名誉教授、元放射線影響研究所理事長）がそうした立場に立つことは明らかだ。長瀧氏は山下氏をサポートするとともに、自らも細野環境大臣の下で「低線量被ばくのリスク管理に関するワーキンググループ」の主査の一人となるなど、政府の被ばく対策の立案に大いに関与した。
また、第一章で取り上げるが、首相官邸災害対策ページの「原子力災害専門家グループ」のメンバーや日本学術会議の「東日本大震災対策委員会・放射線の健康への影響と防護分科会」のメンバーも同様だ。ある程度の数の専門家がいて、放射線健康影響について、長瀧氏や山下氏とほぼ同じ立場に立つと考えざるをえないのだ。この章では、三・一一以後、放射線健康影響をめぐって、これらの科学者・専門家が、また彼らに無批判に従った日本の学術界が、福島第一原発の事故による健康被害は小さいはずだという方向で偏った情報を出し続け、そのために国民の信頼を失ってきた経緯について述べていく。

科学者・研究者・専門家――用語法について

ところで、科学者や専門家という語をさかんに用いているが、その私なりの用法について説明しておきたい。日本学術会議では自然科学的な方法論だけに限定されがちな「科学」の狭い用法では収まらない人文社会科学の分野も含めた広い学問全体を指すときには「学術」という用語を用いることにしている。私自身は「学術」に携わっているが、「科学」に携わっているかと言われると答えにくいところがある。

私の用語法はこの区別を意識している。狭い意味での自然科学としての「科学」に携わる学者を「科学者」とよぶ用法が現代では耳慣れていると考えるからだ。法学者、経済学者、社会学者などは「社会科学者」とよばれるのに慣れているが、「社会」を取り去って自分たちが「科学者」とよばれるとやや落ち着きの悪さを感じる学者が少なくないはずである。テクストとしての資料の解釈が重要だと考えている歴史学者もそうだろう。哲学者や宗教学者や思想・文学研究者など人文学者となれば、ますます「科学者」の呼称は居心地が悪い。ところが自然科学者も、今並べ上げた人文社会科学の諸分野の学者も「研究者」とよばれるのに違和感はない。

そこで本書では、広い意味の「学術」に携わる学者を「研究者」の語で指すことにしたい。「学者」と「研究者」は私にとってはほぼ同義だが、「学者」というと「偉い学者」が連想されがちで、多くの研究者は「学者」とよばれるところばゆい感じをもつだろう。

これに対して、「専門家」は広い範囲の研究者全体に及んでいる。だが、広い範囲の専門にまたがるような問題に取り組んでいて特定の専門に限定するのが難しい研究者もいるから、「研究者」と「専門家」の範囲は必ずしも合致しない。また、専門家という場合には、「科学」には少し距離を感じる技術者やジャーナリストもそこに含まれうる。さらに、自然科学分野と思われているような領域に「科学者」でない「専門家」が含まれていることもある。たとえば、経済学者であるが放射線防護の問題の専門家となったＩＣＲＰのジャック・ロシャール氏のような人もいる。

本書では、「科学者」「研究者」「専門家」を以上のような広がりをもった用法で用いることにしたい。現在、日本語を用いて学術に携わっている方々にはおおよそ受け入れていただける用法かと思う。

低線量被ばく安全論を説いた科学者・専門家群

本題にもどる。では、山下氏や長瀧氏と同じように、低線量放射線による被ばくのリスクは「一〇〇ミリシーベルト／年以下では科学的に証明できない」ので、子どもでも「二〇ミリシーベルト／年ならば許容できるぐらい低い」とする立場の科学者とはどういう人たちなのか。そのような立場に立つ科学者集団はどのようにして形成されたのだろうか。

私は二〇一一年の三月から四月にかけて、そのような疑問を抱き、以後、私なりの資料調査を進めてきた。もっとも役立ったのは、故中川保雄の『放射線被曝の歴史』（技術と人間、一九九一年、増補版、明石書店、二〇一一年）だ。この書物は国際放射線防護委員会（ＩＣＲＰ）や原子放射線の影響に関する国連科学委員会（国連科学委員会、国連放射線影響科学委員会とも訳される、略称はＵＮＳＣＥＡＲ）が核開発の利益にそった立場で放射線防護基準を定めるための会議を開き、その方向での情報を権威あるものとして提示してきた歴史を明らかにしている。世界の放射線健康影響・防護学の専門家が、批判的な科学者の見解を排除する立場に立ってきたことがよく示されている。

しかし、この書物はアメリカ合衆国での詳細にわたる資料調査を踏まえたものであり、一九九〇年頃までのアメリカ合衆国を中心とした国際的な動向を明らかにしているが、日本の科学者の役割についてはほとんどふれておらず、また一九九〇年以降の動向についてもふれていないのは刊行年からして当然である。

そこで、私は電力中央研究所（電中研）、放射線医学総合研究所（放医研）、長崎大学医学部、笹川チェルノブイリ医療協力などの動向を追うことによって、日本のこの分野の科学者・専門家がどのような研究を行い、放射線健康影響評価やリスク・コミュニケーションについてどのような言説を示してきたかを調べてみた。それによってまず見えてきたのは、日本のこの分野の科学者・専門家は国際的な標準以上、つまりはＩＣＲＰ以上に楽観論へと傾くようになり、そうした立場からの発言を繰り返すようになってきたということだ。本書の第二章以降では、こうした展開について述べていく。

ある科学的問題領域の歪んだ展開の歴史

こうした動向が分かりやすく捉えられるようになるのは、一九八〇年代の後半からだ。そこでの焦点の一つは、ＬＮＴモデルを否定することだ。ＬＮＴモデルがあるから放射線防護基準は厳しくしなくてはならない。そのために原発のコストが上がってしまう。そこで、ＬＮＴモデルを否定するための科学的データを提示することに努める。このような研究動向は一九八〇年代の後半以降、電中研ついで放医研から全国の研究機関へと拡充していった。日本は世界の中でもこうした研究動向を先導する国として際立つようになっていく。第二章では以上の動向を資料に基づいて明らかにする。

他方、一九八〇年代末以降、とりわけ九〇年代の後半以降、別の新たな動向が顕著になってくる。放射線の健康リスクについて、一般市民が不安をもってしまうのは不適切であり、それを減らすことを目指すべきだという考え方だ。これは一九八六年のチェルノブイリ原発事故後に旧ソ連地域の医療支援活動と放射線健康影響の国際的評価に関わる中で、重松逸造や長瀧重信氏らの医学者が掲げるにようになったものだ。不安を取り去り、安心を得ることが、放射線リスクに関わる医学者、科学者の重要な課題と理解されるようになり、やがて「安全・安心」を追求するリスク・コミュニケーションという主題に多くのエネルギーが注がれるようになる。第三章ではこうした動向をたどっていく。

第二章、第三章で見てきた科学者・専門家の動向から、原発を推進するために放射線リスクを少なく見積もったり、「不安を起こさないようにする」ことをよしとする政府や電力会社の意思にそった研究活動や情報発信を、科学者・専門家が行うようになる経緯が見えてくる。すぐに見えてくるのは一九八〇年代後半以降の動向であるが、ではなぜこの時期にこうした展開が生じたのか。また、こうした展開は、より長い歴史的展望の下で捉え返したとき、どのように見えてくるだろうか。

終章ではこの問題にふれる。広島・長崎の原爆調査から一九五四年のビキニ事件以降の核実験被爆問題へ、そして一九八六年のチェルノブイリ事故後の調査を経て、この度の福島原発災害後の調査へと七〇年近い時間経過の中で捉え返すのは容易でないが、そのような歴史的展望が必要であることを示して本書の叙述をしめくくる。

放射線健康影響への問いと現代科学のあり方への問い

本書の叙述から見えてくることはもちろんたいへん限られたものにとどまる。それでも福島原発事故後、放射線の健康影響問題で苦しみ悩んできた方々が、今の事態をよりよく理解するために少しでも役に立つことができればよいと願っている。

だが、本書が目指すところは放射線の健康影響の問題への寄与にとどまらない。本書の叙述の過程では、現代科学が道を踏みはずすのはどうしてかという問いが常に念頭にあった。とりあえず医学に問題を限定して例示しよう。第二次世界大戦中に世界の医学、日本の医学は無辜の民を傷つけ、ときに殺すための研究に励んだ。また、多くの人体実験が行われてきた。

これはナチスの医学に限られない。日本の七三一部隊による陰惨な人体実験もあった（常石敬一『七三一部隊』講談社、一九九五年）。第二次世界大戦後のアメリカでもプルトニウムを飲ませる人体実験が行われていたこと（アイリーン・ウェルサム『プルトニウムファイル』上・下、翔泳社、二〇〇〇年）や、特定の梅毒罹患患者にその事実を知らせず経過を観察する実験が行われていたこと（タスキーギ事件）が知られている（香川知晶『生命倫理の成立――人体実験・臓器移植・治療停止』勁草書房、二〇〇〇年）。製薬会社の利益のためにデータが隠されたり、歪められたりしたのではないかという嫌疑も度々かけられている（たとえばデイヴィッド・ヒーリー『抗うつ薬の功罪――ＳＳＲＩ論争と訴訟』みすず書房、二〇〇五年）。

以上のような現代医学の歪みと、原爆や核実験や原発の健康被害に関わる医学が問われている問題は、まったく異なる領域の事柄だろうか。おそらくそうではない。二〇世紀の中頃から露わになってきた現代医学の諸問題と、原発被害に関わる医学の問題には深い関わりがある。原発に関わる被ばくの問題と医療被ばくの問題が密接に関わるものであることからもこのことは知ることができるだろう。そうだとすれば、原発災害による放射能被害の問題を考察することによって、現代医学に、ひいては現代科学について回る奥深い負の問題の理解を深めることも期待できるかもしれない。

第一章　放射線健康影響をめぐる科学者の信頼喪失

1．放射線の健康影響の専門家は信頼できるか？

放射線のリスク評価情報の混乱

福島原発事故から早くも一〇年が経過しようとしている。メルトダウンした原発から放出・漏出した放射性物質による健康への影響について、この間に膨大な情報がやりとりされた。だが、未だにどこに真実があるのかよく分からない。そう感じている人が多いだろう。長期的にはかなりの被害が及ぶのではないかと推測する人から、そうではなく被害は極小、あるいはほぼゼロだという人まであらゆるタイプの人がいて、錯綜し混乱している。分からないなら分からないなりの対応があってしかるべきだが、あたかも被害はほぼないとの前提で施策がなされているらしい。なぜこんな事態が生じたのか。

序章でも見たように、専門家とされる科学者が情報発信し市民を導こうとしているのだが、その見解は大きく分かれている。政府寄りの専門家、つまりはこれまで原発推進の国際国内機関と密接な関わりをもってきた専門家は「低線量放射線による健康への影響はない」、したがって避難や防護の措置にさほど手をかけなくてもよいという立場をとり、そうではない専門家は「健康への影響はありうる」ので避難する、環境からの被ばくを減らす、そのために除染する、食品の基準を厳しくし検査体制を強めるなどの防護策を早くとるべきだ、あるいはとるべきだったという立場をとる。

一方、専門家の対立する見解を前にして、比較的汚染度の高い地域の住民は、何を信じてよいのか分からず長期にわたって悩み続けざるをえなかった。住民同士、あるいは家族の中でも受け止め方が異なるため、隠微な対立が生じてしまう。そのため、家族の崩壊の危機に直面している人たちも少なくない。福島県の広い範囲の人々の間にはやり場のない怒りや苦悩が蓄積している。その理由の大きな部分は、放射線防護をめぐる決定が政府や県により一方的になされており、異なる意見が無視されていると感じられていることによる。

異なる見解があるなら、それをつきあわせて討議し、折り合えるとことは折り合って公共的な決定を行ってはどうか。ところが政府寄りの専門家は、狭い範囲の仲間の専門家の中でことを決してきており、多くの公衆は開かれた討議による決定と見なしていない。福島県など放射性物質による汚染度の高い地域の人々が討議に参加するという機会ももたれていない。自分たちの懸念を述べ、対策に反映させるすべがなく、防護対策や補償をしたくない政府や県に見捨てられたと感じている住民が少なくないのだ。

「科学者の話は信頼できると思うか?」

このような事態を招いたことについて、専門家、とくに政府寄りの専門家の側に責任があったと考えている人は少なくない。三・一一以後、専門家(科学者・学者)が信頼を失ったという認識は広く共有されている。それだけでなく、このことは、日本の科学技術行政の中枢でも認めざるをえない事態となっている。独立行政法人科学技術振興機構(JST)のウェブジャーナル「サイエンスポータル編集ニュース」の二〇一二年六月二〇日号は、「科学者・技術者への信頼低下　科学技術白書が指摘」と題して、六月一九日に閣議決定された「二〇一二年版科学技術白書」を紹介している。そこでは、「科学者、技術者に対する日本国民の信頼感が急激に低下したことがあらためて指摘されている」として、次のように述べている。

白書が引用している文部科学省科学技術政策研究所の「月次意識調査」によると、「科学者の話は信頼できると思うか」との問いに対する答えは、震災四–五カ月前の二〇一〇年一〇–一一月時点で、「信頼できる」が一五・九%、「どちらかというと信頼できる」が六八・六%と合わせて八四・五%に達していた。

ところが震災二–三カ月後の昨年五–六月になると、「信頼できる」が五・八%、「どちらかというと信頼できる」が六〇・五%を合わせて六六・三%と、約一八ポイントも低下している。

同様の変化が「科学技術の研究開発の方向性は、内容をよく知っている専門家が決めるのがよい」という考え方に対する回答にも現れていた。震災前の二〇〇九年一一月に電力中央研究所が調査した結果では、「そう思う」五九・一%、「どちらかというとそう思う」一九・七%と合わせて七八・八%に達していたのが、昨年一二月の科学技術政策研究所の調査では「そう思う」一九・五%、「どちらかというとそう思う」二五・五%を合わせて四五・〇%に激減している。

白書は科学者・技術者の信頼低下の事実を率直に認めている。この事実から何を学ぶべきか。記事はこう続ける。「こうした結果について白書は「国民の科学者・技術者に対する信頼感が低下し、研究開発の方向性の決定を専門家のみに任せておけないと考えている国民が激増しているのに比して、専門家一般はそこまで深刻に捉えていないように見える」と指摘している」。気になるのは「専門家一般はそこまで深刻に捉えていないように見える」という事態である。「サイエンスポータル編集ニュース」の筆者も同じように感じており、だからこそ短い記事にこの箇所を引いたのだろう。

「地に墜ちた信頼」

読売新聞系列の中央公論新社が刊行する『中央公論』二〇一二年四月号は、吉川弘之日本学術会議元会長、元東大総長の「科学者はフクシマから何を学んだか——地に墜ちた信頼を取り戻すために」という文章を掲載している。

吉川氏は原発に関わる「技術開発に関わる科学者の責任の重大さ」について述べたあとで、「加えて、「放射能の人体への影響」について、「専門家」たちのさまざまな見解が飛び交ったことが、大きな混乱を招く結果になった」と論じている。

放射能に関して言えば、それがどの程度人間の体に悪影響を及ぼすのかについて人類が蓄積したデータは、十分と言えるレベルにはない。広島、長崎や、チェルノブイリの結果を、そのまま横滑りさせることはできない。「持っている範囲の情報」さえも、有効に活用されることはなかったのである。(一三ページ)

これは科学者・専門家がニュートラルな存在ではないのではないかとの疑いを呼び起こした。原書力発電推進のためには「安全」が地域住民や広く国民に受け入れられ、コストが削減されることが何よりも求められていた。科学者・専門家がそのための情報発信を続けてきて、事故後も原発の危険性を低く見、健康対策や補償のためのコストを下げるべく、「直ちに健康に影響はない」「エビデンスは科学的に証明されていない」などと言い逃れを続けている。このように受け取られた。吉川氏はこう続けている。

安全だと喧伝されていたものが、大事故を起こした。それに対して、目に見える適切な手が打てなかった。かてて加えて、それまで科学者というものはニュートラルな存在であるという一定程度の信頼があったが、今回、原発ムラの構造が広く知られるところとなり、科学者であっても利益集団としての活動する人々がいるという実態も白日の下に晒された。そうした要因から、科学（者）は社会からの信頼を大きく失墜させてしまった。我々は今、深い反省の過程にある。（同前）

また、序章で紹介したように『国会事故調報告書』（東京電力福島原子力発電所事故調査委員会）は、福島原発事故以前の放射線リスクの伝え方について、「放射線の安全性、利用のメリットのみを教えられ、放射線利用に伴うリスクについては教えられてこなかった」とし、まずそこに信頼喪失の原因があるとしている。事故後も放射線量の情報、また放射線が健康に及ぼす影響についての情報提供が不十分だったという。そのよい例は「文科省による環境放射線のモニタリングが住民に知らされなかったこと、学校の再開に向けて年間二〇ミリシーベルトを打ち出し、福島県の母親を中心に世の反発を浴びた」ことだ。

そしてこう述べる。「政府は「自分たちの地域がどれほどの放射線量で、それがどれだけ健康に影響するのか」という切実な住民の疑問にいまだに答えていない。事故後に流されている情報の内容は事故以前と変化しておらず、児童・生徒に対してもその姿勢は同様である」。これは政府に対する批判として述べられているが、政府が全面的に情報提供や対策案の作成を頼ってきた専門家にも向けられてしかるべきものである。

国会事故調の委員長は、吉川弘之氏に続いて日本学術会議会長を務めた黒川清氏である。一九九七年から二〇〇六年にわたって日本学術会議会長を務めた日本を代表するといってもよい二人の科学者（工学者と医学者）が、放射線健康影響の専門家の対応が不十分であり、多くの市民の信頼を失わざるをえないものだったことを認めているのだ。

意見が分かれ討議がなされない現状

吉川氏や黒川氏だけではない。多数の有能な科学部記者が所属し、日頃、経済発展に貢献する科学技術に多大な関心を寄せている日本経済新聞社にも同様な認識をもつ編集委員がいた。日本経済新聞は二〇一一年一〇月一〇日号という早い時期に、滝順一編集委員の「科学者の信用　どう取り戻す――真摯な論争で合意形成を」という記事を掲載している。その前半部は以下のようなものだ。

科学者の意見が分かれて誰を信じてよいのかわからず、途方に暮れる。そんな状態が人々の不安を助長し、科学者への不信を増殖する。いま最も深刻なのは低線量放射線の健康影響だ。

一カ月前、福島医科大学で放射線の専門家が集まる国際会議が開かれた。年間の被曝（ひばく）量が二〇ミリシーベルト以下なら過度な心配は要らない。集まった科学者の多くがそう口にした。

「できるだけ低い線量を望む気持ちはわかるが、二〇ミリシーベルトを超える自然放射線の中で健康に暮らす人が世界には多数いる」と国際放射線防護委員会（ＩＣＲＰ）のアベル・ゴンザレス副委員長は話す。

年間一〇〇ミリシーベルト以下の被曝では、後々がんになる危険（晩発性リスク）が高まることを実証するデータはない。安全のためどれほど少なくてもリスクが存在すると仮定し被曝を避けるのが基本だが、喫煙などに比べてとりわけ大きな健康リスクがあるとは言えない。

これが世界の主流をなすＩＣＲＰの見解だが、強く批判する声がある。

低線量被曝の晩発性影響を語る基礎データは米軍による広島、長崎の被爆者調査から得られた。調査を受け継ぎ発展させてきたのは日米共同の放射線影響研究所だ。「ＩＣＲＰも含め、核や原子力を使う側が設けた組織が示す基準が本当に信用できるのか」と東京大学の島薗進教授（宗教学）は疑いを投げかける。

また、データは大勢の人の被曝状況と健康状態を追跡して統計的に割り出す疫学研究による貴重な成果だが、「細胞生物学やゲノム（全遺伝情報）など最新の知識を反映していない」と児玉龍彦・東大教授（内科学）は指摘する。

「真摯な論争で合意形成を」

そこで、滝氏はこう提案する。

ＩＣＲＰの見解を支持する科学者はこうした批判や挑戦に対し、国民に見える形で説明や反論する必要がある。批判する側も既存の基準に代わる目安を示してはいない。いま目にするのは、科学の論戦でなく、二陣営に分かれた非難のつぶての投げ合いのようだ。

滝氏は、科学者は国民に分かるような反論を行い、討議を進めるべきだと論じている。だが、これまでの経緯を見ると放射線の健康影響の専門家がそうした討議の場に出てくることができるのかどうか、大いに危ぶまれる。滝氏は最後に「社会と科学のコミュニケーションは双方向であるべきだ。ＩＣＲＰの基準は今なお安全を考えるよりどころである。科学者は専門性の高みから教え諭すのではなく対話の姿勢が要る。再び信認を得るためには」と述べている。

くどいようだが、もう一人、現代日本哲学をリードしてきた人物にも登場していただこう。日本学術会議哲学委員会の委員長で、二〇一二年三月まで東北大学理事・付属図書館長だった野家啓一氏の「実りある不一致のために」(『学術の動向』二〇一二年五月号)という文章を参照したい。野家氏はこう述べる。「おそらく政府関係者にせよ専門科学者にせよ、念頭にあったのはパニックによる社会的混乱の防止ということであったに違いない。しかし、そこで目立ったのは、むしろエリートたちの混迷ぶりであった」。「もどかしく思ったことは、原発事故から数ヶ月の間に被災住民が最も知りたかった放射線被曝の人体への影響について、国民目線に立ったわかりやすいメッセージと説明が、皆無とは言わないまでも少なかったことである」。

放射線健康影響の専門家側の異なる認識

では、当の専門家たち、とりわけ住民の怒りをかった専門家、すなわち政府側で放射線情報を提供してきた当の専門家たちはこの事態をどう認識しているのか。自分たちの側に不適切なところがあったという認識をもっているのだろうか。

政策に関わるような地位にある日本の放射線健康影響の専門家は、原発推進サイドから防護基準を定めてきたとされるＩＣＲＰの基準から見ても楽観論の立場をとっている者が多い。ＩＣＲＰは年間一〇〇ミリシーベルト以下の被ばくでも線量に比例して健康に影響が出るとするＬＮＴ（直線しきい値なし）モデルにのっとって防護策をとろうとするのだが、日本政府に近い立場からこの問題に関与してきた放射線健康影響の専門家たちは、さほどの防護策をとる必要はないという立場を貫いてきた。

それは福島県の広範囲の住民、とりわけ子どもたちの避難は必要ではないとする立場であり、年間二〇ミリシーベルト以下であればほぼ放射線による健康被害はないとするものだ。ＬＮＴモデルに立てばそうは言えないのだが、ＬＮＴモデルは最善の防護をとるために仮にそうしているにすぎない、実際には一〇〇ミリシーベルト以下では科学的なエビデンスがないとする。むしろ放射線の健康影響を恐れ、不安をもつことのほうが健康に悪影響を及ぼすから、できるだけ悪しき健康影響にはふれないほうがよいというのだ。このような立場に立つ放射線健康影響専門家の側からは、この問題をめぐる混乱はエセ専門家やメディアや理解力の劣る市民の側の欠点によって生じたもので、情報提示と施策を進めてきた政府側専門家の側に反省すべき大きな落ち度はなかったということになる。

「国民はリスク理解力が劣っている」

こうした姿勢を示す典型的な例として、広島大学原爆放射線医科学研究所（原医研）所長という立場から福島医大副学長を務めるに至った神谷研二氏の文章を取り上げよう。神谷氏は原医研に所属する研究者というだけでなく、放射線医学総合研究所（放医研）を中心とする緊急被ばく医療体制の広島大学側の責任者として政府側の体制に積極的に関わってきた経歴をもつ。福島原発事故後は早くから福島県に入り、放射線健康影響のリスクに関わる助言者として長崎大学の山下俊一氏とともに防護策の立案、実行に関わってきた。

神谷研二氏は長瀧重信氏らが座長を務める「低線量被ばくのリスク管理に関するワーキンググループ」（二〇一一年一二月）に提出した書面で次のように述べている。なお、このワーキンググループは年間二〇ミリシーベルトを超えない地域では住民は住み続けるのが妥当であり、避難している人々も帰還できるという施策を裏付けるためのものだった。

> 福島原発事故後、放射線の単位や放射線情報が氾濫した。しかし、住民には、放射線データの意味や評価が十分に説明されず、専門家の意見も異なった。即ち、リスクコミュニケーションの不足が、住民の健康に対する不安を増幅した。ＬＮＴモデルによる低線量放射線のリスク推定は、その可能性

の程度を確率的に推定するものである。従って、リスクを確率論的に捕らえることと、リスクの比較が重要であるが、国民はそれに慣れていない。国民もメディアも、シロかクロかの二元論でとらえる傾向があった。これを克服するためには、国民全体の放射線リテラシーが必要。

この短文からは、神谷氏には専門家の側に問題があったという意識はない、あるいはたいへん小さいことが分かる。むしろ「リスクを確率論的に捕らえることと、リスクの比較が」できない国民やメディアの側に問題があるというのだ。こうした考え方は放射線健康影響の専門家に広く分け持たれたものだが、それについては第三章で詳述する。

原子力や放射能の専門家側にしばしば見られたこうした意識のあり方は私などが親しんできた学術のあり方から見ると理解しにくいものだ。自らの立場が何らかの盲点をもっていて、見えないところがあるかもしれない。だから謙虚に批判に耳を傾ける。こうした姿勢とはだいぶ異なる。他分野の専門家や市民の見解に聞く耳をもち、自らの社会的責任を進んで省みる姿勢をもってこそ自由な、合理的で批判的な学術と言える。だが、三・一一以後の原子力や放射能の専門家にはそのような姿勢の欠如が目立った。

事態を深刻にしたのは、国民が信頼を寄せてきた東京大学等の大学や日本学術会議のような高い権威をもつはずの学術機関も、こうした専門家の信頼失墜を認めることができず、放射能健康影響の誤った、あるいは偏った情報をそのまま鵜呑みにする傾向があったことだ。自らとは異なる領域の専門家の言うことを、吟味せずに受け入れ、市民に提示するという愚を犯す傾向が目立ったのだった。以下では、放射線の健康影響をめぐって専門家と学術機関（日本学術会議と東京大学）がそれぞれに不適切な学術情報やリスク情報の提示をしてきた事情を見ていきたい。

2．日本学術会議の対応

原発事故への日本学術会議の対応

日本学術会議はそのホームページにあるように、「我が国の人文・社会科学、生命科学、理学・工学の全分野の約八四万人の科学者を内外に代表する機関であり、二一〇人の会員と約二千人の連携会員によって職務が担われて」いる。内閣府の管轄下にあるが、第一部、人文・社会科学、第二部、生命科学、第三部、理学・工学の三部に分かれた学者が自発的に「内外」に情報・意見を発信する機関である。

ほとんどの科学者・研究者は複数の「学会」に属しており、学会単位で行動することも多いが、日本学術会議はいちおう学会からは独立した組織である。たとえば私は、日本宗教学会や日本生命倫理学会等のメンバーだが、日本学術会議では個人として会員となっており、第一部の一〇余りある委員会の内の哲学委員会に属している。このように日本学術会議は個別学会とは関わりがなく学者個人の集合体だが、実質的には会員・連携会員が関係する学会の意向にそって動くことが多い。

日本学術会議は東日本大震災に対応し、二〇一一年三月二五日から八月までに第一次から第七次までの緊急提言を公表するなど、活発に学術情報を発信してきた。また委員会の設置などを行って特定問題領域に対応してきた。その経緯は日本学術会議のホームページで見ることができる（http://www.scj.go.jp/）。厳しい時間的条件の中でこのように精力的な対応をしてきた日本学術会議の執行部、及び東日本大震災対策委員会の委員各位には敬意を表したい。

だが、その上で、原発事故に対する日本学術会議の対応について問題点を指摘せざるをえない。このような場合に学術会議は、あるいは学術共同体はどのように行動し発言すべきか、科学者・研究者としてどうしたらよいのか。この問題につき多大な混乱が生じたようだ。東日本大震災全体についてではなく福島原発事故災害に限って話題とするのは、それが広く日本の学界（学術界）に特別大きな問題を投げかけていると考えるからである。

「放射線の健康への影響や放射線防護」分科会

まず、二〇一一年四月二五日以後に公表された「放射線の健康への影響や放射線防護などについて説明した資料」を見てみよう。これは、東日本大震災対策委員会の下に置かれた「放射線の健康への影響と防護分科会」によるものだ。「放射線の健康への影響と防護分科会では、放射線の健康への影響や放射線防護などについて説明した資料を定期的に公表していきます」とあり、四月二八日までの間に、「第一報　平常時と非常時の放射線防護基準について」、「第二報　日常生活で受ける放射線について」、「第三報　平常時に適用する線量限度」、「第四報　放射線の健康影響には二つのタイプがある」の四つの資料が示されている。

ところがこれらはいずれも各四枚のスライドであり、それだけを見ても内容がよく分かるものではない。私自身のように文系の学者もそうだが、学界に関係が薄い多くの市民にとって理解しやすいものではない。この資料が問題の理解に役立ったと思う人はどれほどいるだろうか。

図表や箇条書きのスライドが四枚ずつ出てくるというものである。口頭の説明がついてこそ初めて意味が分かるというのがスライド資料の性格だろうが、ただスライドだけがポンとそこに置いてあるのだ。第四報の一つ目のスライドを例にとると、

2つのタイプがある
1．症状、徴候が現れる身体的障害（確定的影響）
・一〇〇ミリシーベルト以下では起こらない
・症状ごとに「しきい線量」がある
2．将来がんが発生する可能性（リスク）が高まるかもしれない影響（確率的影響）（晩発影響）
・被ばく集団と非被ばく集団の比較で検知
・被ばく者個人は認知できない
・防護の目的で低線量（一〇〇ミリシーベルト以下）でも一五〇ミリシーベルト以上と同様に線量に比例してリスクが増加すると仮定（しきい線量なし）

というものである。そして、二～四枚目のスライドはいずれも図やグラフで、文字による説明はほとんどない。

これらの資料は誰に向けて提示されたものなのか。このような資料を見るだけで、しろうとや他分野の専門家が何か重要なことを理解できるだろうか。とても難しいのではないだろうか。他方、ある程度の学術知識を共有する専門家にあてたものだとすれば、余りに学問的情報が少なく、不確かな資料提示だ。日本学術会議がホームページに掲載する資料としてこの第一報～第四報は適切と言えるだろうか。

市民の求めるものからの乖離

この「放射線の健康への影響や放射線防護などについて説明した資料」第一報～第四報は、文科省（と厚労省）が四月一九日に出した「福島県内の学校等の校舎・校庭等の利用判断における暫定的考え方」という文書を受けて提示されたものだろう。文科省・厚労相文書は「ICRP（国際放射線防護委員会）の「非常事態が収束した後の一般公衆における参考レベル」一〜二〇ミリシーベルト／年を暫定的な目安」として設定し、「今後できる限り、児童生徒の受ける線量を減らしていくことを指向」と言い、三・八マイクロシーベルト／時以上の線量の校庭での活動制限をも指示する内容を含んでいた。

この時期以後、福島県の子どもをもつ親たちは「子どもはここに暮らしていてだいじょうぶだろうか」と大いに悩むようになる。なぜ、二〇ミリシーベルトなのか、子どもと大人は同じ基準でよいのか、「非常事態が収束した後」とはどのぐらいの期間を指すのかなど、難しい問題に応じうる適切情報がなく苦しめられていた。序章でも述べたように四月二九日には、内閣官房参与の小佐古敏荘氏が「年間二〇ミリシーベルト近い被ばくをする人は、約八万四千人の原子力発電所の放射線業務従事者でも極めて少ないのです。この数値を乳児、小児、小学生に求めることは学問上の見地からのみならず、私のヒューマニズムからしても受け入れがたいものです」と述べて辞任した。

「放射線の健康への影響や放射線防護などについて説明した資料」第一報〜第四報はこうした悩みに応えようとする内容を持っているだろうか。肯定的な答えはまず返ってこないだろう。そして、その後もまったく資料提示も情報・意見発信もなされなかった。これはどうしたことだろう。国民、地域住民の問いかけに応ずるという点で、責任意識に欠けた態度と言わなくてはならないだろう。

なお、放射線の健康への影響と防護分科会のメンバーは、当時日本学術会議副会長で第二部会員である東京大学名誉教授の唐木英明氏、北海道大学環境健康科学研究教育センター長・特任教授で第二部会員である岸玲子氏の他、一五名の連携会員・特任連携会員という大所帯であり、広島大学原爆放射線医科学研究所長の神谷研二氏、長崎大学大学院医歯薬学総合研究科長の山下俊一氏なども加わっている。神谷氏や山下氏は事故後、福島県から放射線健康リスク管理アドバイザーに招かれた医学者たちである。これほど地位ある学者が名前を連ねているのであるが、ホームページ上で見ることができる内容はここで見てきた資料に限られている。福島県民の深刻な苦悩、そしてこの問題への国民の高い関心を思うと残念な気持ちをぬぐえない。

日本学術委員会哲学委員会からの批判

「放射線の健康への影響と防護分科会」の以上の叙述は、私のブログ「宗教学とその周辺」(http://shimazono.spinavi.net/) に二〇一一年五月一九日に掲載したものをほぼそのまま書き写したものだ。これを受けて日本学術会議哲学委員会委員長の野家啓一氏（東北大学元副学長）は、六月八日刊行の『日本学術会議第1部ニューズレター』(第二一期第七号) において、日本学術会議の情報発信が、「残念ながら文体や用語の面から見ても、そのような国民目線を意識した姿勢は、皆無とはいわないまでもごくわずかであった」と全般について述べた後、次のように述べている。

たとえば、分科会による「放射線の健康への影響や放射線防護について」第一報～第四報に接しての感想だが、この情報は福島原発事故の被災者や避難者の方々のみならず、私を含めた近隣各県の住民にとって現在もっとも知りたい事柄であろう。にもかかわらず、ホームページにアップされているのは、専門用語で書かれた説明用のスライド数枚のみである。おそらく予備知識をもった専門家以外には、これらのスライドから有効な情報を読み取ることは不可能に近いのではあるまいか（このことについては、会員の島薗進氏もご自身のブログで苦言を呈しておられる)。日本学術会議がこれまで「科学コミュニケーション」に力を注いできたことは十分承知しているが、それならばホームページ上の情報発信においても、その精神を生かすべきであろう。

この点については、日本学術会議哲学委員会においてはほぼ合意がなされ、九月一八日に日本学術会議哲学委員会主催、日本哲学系諸学会連合・日本宗教研究諸学会連合の共催によるシンポジウム「原発災害をめぐる科学者の社会的責任――科学と科学と超えるもの」が行われた。その概要は、『学術の動向』第一七巻第五号（二〇一二年五月）に掲載されている。このシンポジウムの課題について主催者である哲学委員会の野家委員長は次のように述べている。

レベル7にまで達した過酷事故に際して、日本の科学者や学会は、果たして迅速かつ適切な判断を行なったのか、また被災地域に対して十分な情報発信がなされてきたのかどうか。あるいは原発災害のリスクに対する十全な事前評価と安全対策はとられてきたのかどうか。ことは科学者の社会的責任に関わっており、現在われわれが直面しているのは、国民からの科学と科学者に対する「信頼の危機」という事態にほかならない。

現代の巨大化した科学・技術においては、科学によって問うことはできるが科学だけでは答えることのできない問題群、すなわち「トランス・サイエンス」の領域が増大している。そこでは、事実認識と価値判断が交錯しており、政治・経済的考察や倫理的配慮を欠かすわけにはいかない。それゆえ、「科学と科学を超えるもの」の関係を適切に認識し、領域横断的コミュニケーションを促進することは、言論活動を基盤とする人文・社会科学者の責務でもある。（九ページ）

この点では、「放射線の健康への影響と防護分科会」はまったくの失敗だったと言わなくてはならないだろう。放射線の健康影響の専門家たちには、「トランス・サイエンス」とか領域横断的コミュニケーシヨンといった問題意識がまったく欠けていたことが大きな理由と言わなくてはならない。

海外アカデミーへの報告の優先？

次に「東京電力福島第一原子力発電所事故に関する日本学術会議から海外アカデミーへの現状報告」という文書を見てみよう。これは五月二日に公表されたもので、日本学術会議東日本大震災対策委員会の名によるA４判一三ページに及ぶものである。

まず、この文書が「海外アカデミー」、すなわち諸外国にある日本学術会議に対応する組織に向けて出されたもので、日本の国民に対してではないことが気になる。海外アカデミー宛に出された理由については、「この放射能の漏えいが、日本のみならず地球全体の人々に不安をあたえていることを認識し、出来る限り早い機会に各国アカデミーに事態の経過について報告したいと願ってきたが、この間、我々自身が十分な情報をもつことができなかったことを正直に告白しなければならない」と述べている。

英訳も付されており、海外の学界への正確な情報の発信が大いに意義あることはもちろん理解できる。だが、それとともに、あるいはそれに先立って日本の国民にも発信すべきではないだろうか。これについてこの文書はまったくふれていない。国民は原発事故とその後の災害について十分な情報が得られずにとまどい続けてきた。日本学術会議はそのことを強く意識しているはずである。

そのことの理由はここでも少し述べられている。政府や東電から情報が十分に伝えられなかったことに対して批判的な叙述がなされている。また、「緊急提言」などにおいて政府に情報開示を求めてきたことが述べられている。だが、それはこの文書の主旨からして、国民に対する責任というより、「海外アカデミー」に対する責任という観点からの叙述になっている。政府や東電から情報提供が不十分だったために、「海外アカデミー」への発信が遅れたと弁明しているのだ。

もう一つ、このような情報発信の不十分さには学界も関与してはいなかっただろうか。たとえば、政府の諸決定に深く関与しているはずの原子力安全委員会は科学者が主なメンバーである。「原子力安全委員会にもデータの開示を求めたが、それは得られなかった」とあるが、それに対する抗議の表明がなされただろうか。原子力工学や関連分野の専門家集団はどう対応したのか。この文書では日本学術会議をはじめ、学者の対応に問題がなかったかという点についてほとんどふれられていない。これについてはこの後にいま一度取り上げたい。

楽観的な予想の叙述は妥当か？

「海外アカデミーへの現状報告」の本文は、Ｉ「起こったこと」、Ⅱ「我々が行ったこと」、Ⅲ「これから行うべきこと」の三つに分かれている。Ｉ「起こったこと」では、事故後の事態の推移が記述されている。正確な情報提示を行うために多大な努力が払われたであろうことを推察し、執筆の労をとられた方々に敬意を表したい。だが、主要な情報源から情報提示が不確かであることは内外の人々がよく知るところであり、それを越えて信頼をかちうる内容を提示しえているかどうか。大いに検討の余地がある。

気になるのは随所に放射線の健康への被害について楽観的な叙述があることだ。たとえば、Ｉ「起こったこと」の4「住民の避難」のところでは、「住民の健康を守るために避難措置は必要であり、その措置によって、住民に身体的放射線障害（確定的影響）はこれまで認められていないし、今後も見られないと予想される」と述べている。そこまで断固として「予想」を述べることができるのだろうか。どういう根拠があってそう述べるのだろうか。

放射線による健康への影響については、四月一九日の「福島県内の学校等の校舎・校庭等の利用判断における暫定的考え方」が出される頃から、福島県住民の懸念が新たに強まってきたのだが、５「食品と水の放射能汚染と風評被害」というところでは、次のように述べられている（少し長めに引用する）。

水道水に関しては、四月一二日現在、福島県、茨城県、千葉県、東京都、栃木県のすべての水道事業体で乳児についてのヨウ素131の基準一〇〇ベクレル／キログラムを大きく下回っている。ただし、福島県飯舘村のみ村独自の判断で乳児に対する摂取制限および広報を実施している。

さらに、野菜と水の汚染については、放射性降下物の減少とともに基準値を越えるものは減少している。海水については小魚の一部に汚染が見られるが、四月二〇日現在では、散発的な例に終わっている。

このように、厳しい規制値の設定と検査の実施により、市場に流通する野菜、魚介類、そして水道水の安全は守られている。残された問題は風評被害である。ある地域の農産物に基準値を超える汚染が見つかると、その県全体でその農産物の出荷を制限するという措置を政府は実施した。このように広い範囲の出荷制限地域を設けた主な理由は、政府の説明によれば、農産物の原産地表示が県単位で行われているからであり、そのほかに風評被害を防ぐ目的があるとされた。現在は出荷制限の範囲が県単位から地域単位に縮小された。しかし、結果的には福島県、茨城県、栃木県、千葉県などの野菜や魚介類の売れ行きが大きく落ち込み、各県は独自の風評被害対策を実施するとともに、各県知事から政府に対応の要求が出されている。

放射線健康影響と「風評被害」の比重

ここでも健康への影響についての記述は楽観的である。実際には食品だけではなく、さまざまな形態での放射性物質の体内吸収による累積的な被ばくが懸念され、そのためにこそ校庭での活動制限も行われたのだった。

他方、「風評被害」については多くの記述がなされている。だが、「風評被害」とは何かについて説明がなされているわけではない。放射性物質を含んでいると考えられる食品を食べるのを慎む人がいる。それでその食品は売れない、あるいは価格が下がる商品が出る。それをそのまま「風評被害」としてよいものだろうか。確かに風評被害の問題もあるだろうが、その影響を大きく取りすぎて、他の重要な問題を軽く扱うことになっていないだろうか。放射線による健康への影響を軽んじ、不安をもたずに汚染地域や近くの地域で生産された食品を食べることを暗に推奨していると読んでしまう人もいるだろう。

放射線の健康への影響については、Ⅲ「これから行うべきこと」にも問い直したいところがある。ここでは今後も広範囲の住民に、食品の安全をはじめとする放射線の健康への影響を配慮した対策をとることを示すべきところだ。また、政府・自治体にはそのための食品・環境の管理・汚染浄化にさらにいっそう力を入れるべきことが述べられてしかるべきである。しかし、ここにはその叙述はない。それは、Ⅰ「起こったこと」において、「このように、厳しい規制値の設定と検査の実施により、市場に流通する野菜、魚介類、そして水道水の安全は守られている。残された問題は風評被害である」と述べられていたことと関係があるだろう。国民の「安全は守られている」という前提から出発している。結果的に放射線の健康への影響の問題がたいへん軽んじられる結果を招いているのだ。

住民の行動を導こうとする科学者たち

では、放射線の健康への影響の問題にまったくふれられていないかというとそうではない。２「避難地域とその周辺地域の復興に向けて」の記述の中に述べられている。つまり、日本学術会議は、今後、放射線の健康への影響の問題は避難地域とその周辺地域の住民の問題に限って取り扱おうとしていることになる。では、その叙述はどのようなものか。

避難地域の復興は、避難住民が復帰できる見通しを立てることが前提である。（中略）これらの安全性の確認の上に、原発は廃炉後の新たな街づくりが復興プランとして住民の意思とニーズを踏まえて構想されるべきである。

またこれらの過程を通じて住民の被ばくを管理し、放射線障害（確定的影響）は絶対に起こさず、将来にわたり発がんのリスクを増加させないために、被ばく線量を「合理的に達成可能な限り（as low as reasonably achievable: ALARA）低減する」という国際基準に準拠した措置が必要である。

「低線量被ばくを低減させる」という放射性物質の確率的影響の問題についてはきわめて漠然とした叙述にとどまっている。このような叙述では、たとえば福島県民の理解はとても得られない。地域住民・国民の立場に立った叙述からはほど遠い内容と言わなくてはならないだろう。

事故後、一年ほどの間、放射線の健康への影響に関わる科学者の解説で目立ったのは、国民に対して「こうこうこうすべきだ」、とりわけ「心配してはいけない」という明確な行動への指示をさかんに行なったことだった。そして、必ずしも国民・地域住民からの疑問や批判に応答しようとしていない。要するに科学による権威ある知識を、よく理解していない人々に教え込み、共同行動に従わせようとする一方的な姿勢だと受け取られかねない。当事者や市民からの問いかけに応じる姿勢が乏しいのではないだろうか。放射線の健康への影響問題について、「海外アカデミーへの現状報告」の叙述はこの線上でなされている。根拠がよくわからないのに「とるべき行動について上から指示」を行う学者団体と受け取られてしまっては、学術会議としての任務を十分に果たすことはとてもできないだろう。

国民、とりわけ福島県を中心とした地域住民は多くの疑問を抱えており、政府や東電などとともに科学者、研究者から適切な説明を受けたいと願っている。それはさまざまな問題にわたるだろうが、放射線の健康への影響の問題はとくに重要な領域だ。海外のアカデミーに対して信義を果たそうと尽力しているのはもちろんよいことだが、それを優先することによって、日本学術会議は国民の不安や期待に応じる姿勢が弱くなってしまってはいないか。私はそこに大きな懸念を抱かざるをえなかった。

3．会長談話「放射線防護の対策を正しく理解するために」

唐突な日本学術会議会長談話

二〇一一年六月一七日には、日本学術会議会長談話「放射線防護の対策を正しく理解するために」という文書が公表された（http://www.scj.go.jp/ja/info/kohyo/pdf/kohyo-21-d11.pdf）。この会長「談話」は三月二一日に国際放射線防護委員会（ＩＣＲＰ）から配信されたコメント（勧告）（http://www.scj.go.jp/ja/info/jishin/pdf/t-110405-3j.pdf）が「十分に理解されていない状況が続いている」として、「国民の皆さんの理解が進むことを願って、改めて見解を出すことに」したと述べている。また、冒頭では「放射性物質の人体への影響などに関して、科学者の間から様々な意見が出されており、国民の皆さんが戸惑っておられることを憂慮」しているとも述べている。

では、国民の理解が進み、戸惑いを解消してくれるはずのＩＣＲＰコメントの日本学術会議会長による解説とはどのようなものか。解説の多くは平常時ではないときには年間一ミリシーベルトという平常時の線量基準を維持しなくてもよい理由の説明にあてられている。ＩＣＲＰの防護基準では、平常時であれ緊急時であれ個人の被ばく線量の限度を設定することになっている。しかし、放射線の被害を上回る利益がある場合には被ばくが許容される。とくに「緊急事態」においては被ばくの被害と比べられる他の利害に照らして基準の変更を行ってよいとされている。「一方で基準の設定によって防止できる被害と、他方でそのことによって生じる他の不利益（たとえば大量の集団避難による不利益、その過程で生じる心身の健康被害等）の両者を勘案して、リスクの総和が最も小さくなるように最適化した防護の基準をたてる」のだという。この解説はよく分かるが、これはすでに広く紹介されてきたものだ。

では、今回の場合はどうか。ここからの説明は分かりにくい。年間二〇ミリシーベルト基準の説明らしきものがある。ＩＣＲＰの二〇〇七年勧告（ICRP Publication 103）では、「今回のような緊急事態では、年間二〇から一〇〇ミリシーベルトの間に適切な基準を設定して防護対策を講ずるよう勧告しています。これを受けて、政府は最も低い年間二〇ミリシーベルトという基準を設定したのです」とある。

緊急時と復旧期（現存被ばく状況）のすり替え

だが、これは四月一九日に文部科学省と厚生労働省が示した「福島県内の学校等の校舎・校庭等の利用判断における暫定的考え方」にある「非常事態が収束した後の一般公衆における参考レベル」である一～二〇ミリシーベルトを指すのだろうか。そうではない。というのは、今説明しているのは「緊急時における最適化の目安」のことだと前に書かれているからだ。「非常事態」と「緊急時」はここではほぼ同じ意味であり、これは「計画的避難区域」に関わるものだ（首相官邸災害対策ページ四月一五日「計画的避難区域について」http://www.kantei.go.jp/saigai/faq/20110415_1.html）。

では、「福島県内の学校等の校舎・校庭等の利用判断における暫定的考え方」で示された二〇ミリシーベルトという基準について何も述べていないかというとそうではない。「緊急時」に対して「現存被ばく状況」という状態が示されているとして、それに関わる事柄として言及されているのだ。「現存被ばく状況」とは「原発からの放射性物質の漏出が止まった後に放射能が残存する状態」を指すという。その状態になったら、「年間一から二〇ミリシーベルトの間に基準を設定して防護の最適化を実施し、さらにこれを年間一ミリシーベルトに近づけていくことをＩＣＲＰは勧告して」いる。そして福島県の一部ではその勧告にそった「努力が始まって」いるという。これで説明は終わっている。

では、これは「福島県内の学校等の校舎・校庭等の利用判断における暫定的考え方」で示された二〇ミリシーベルトという基準の説明になっているか。なっていない。「暫定的考え方」では、「非常事態収束後の参考レベルとして、一〜二〇ミリシーベルト／年を学校等の校舎・校庭等の利用判断における暫定的目安」とすると述べている。これは「現存被ばく状況」の基準を適用したかのように見えるが実はそうなっていない。ＩＣＲＰは「年間一から二〇ミリシーベルトの間に基準を設定して防護の最適化を実施」することを求めているので、「最適化」についての検討を踏まえた上で一ミリシーベルトとすることも二ミリシーベルトとすることも五ミリシーベルトとすることもできるはずである。それを最大の二〇ミリシーベルトとした理由はまったく述べられていないのだ。

「現存被ばく状況」の「参考レベル」として二〇ミリシーベルトは最も高い値である。しかし、その説明はしないで、「緊急時」の「計画的避難区域」についての二〇ミリシーベルトの説明をして「最も低い」という説明をもってきている。これはトリックではないだろうか。「トリック」というのが言いすぎであるとすれば、少なくともまったくの説明不足である。

高い線量に設定されていることを隠す

この「談話」を読むと「福島県内の学校等の校舎・校庭等の利用判断における暫定的考え方」で示され

た二〇ミリシーベルトは「最も低い」基準に設定されたのだから、受け入れるのが当然だと錯覚しかねない。しかし実は最も高い数値をあてはめたものだから、今すぐにでも下げるべく考慮がなされてしかるべきだろう。もはや「緊急時」の話をしているときではなく中長期的な対策を考えるべきときであり、とうに「現存被ばく状況」における基準が検討されていなくてはならないはずだ。「談話」はそういう問題があたかも存在しないかのごとくに装い、現状是認を求めている。実質的に「福島県内……暫定的考え方」を正当化し、二〇ミリシーベルトという基準（参考レベル）を維持しようとするものと受け取られてもしかたがないものだ。

ＩＣＲＰの二〇〇七年勧告や今回の事故に対応して示された三月二一日付け勧告にそって、今なされるべきことは、まず、もはや「緊急時」にそった対応ではなく「現存被ばく状況」を想定した対応をすべきことを認めることだろう。そして、「年間一から二〇ミリシーベルトの間に基準を設定して防護の最適化を実施し、さらにこれを年間一ミリシーベルトに近づけていく」ための措置を早急に進めることだろう。それは「福島県内……暫定的考え方」にある二〇ミリシーベルトという基準を、できれば一ミリシーベルトまで、そうでないとしてもできるだけ引き下げることを当然帰結するはずである。「間に基準を設定する」とはそういうことだろう。

そのためには、「最適化」がどのようなものかを検討する過程を経なければならない。「一方で基準の設定によって防止できる被害と、他方でそのことによって生じる他の不利益（たとえば大量の集団避難による不利益、その過程で生じる心身の健康被害等）の両者を勘案して、リスクの総和が最も小さくなるように最適化した防護の基準をたてる」のはたいへんな作業だが、少なくとも放射線の専門家だけでできることではないのは明らかだろう。たとえば、「大量の集団避難による不利益、その過程で生じる心身の健康被害等」について考えるにはそれぞれの問題に詳しい専門家の力を借りなければならない。また、多くの人々の生命に関わる決定であるとすれば、公共政策や倫理に関わる有識者の参加も必要だろう。

日本学術会議会長の談話の不適切性

六月一七日というこの時点で放射線防護の問題や二〇ミリシーベルト基準問題について日本学術会議会長が見解を示すとすれば、以上のような問題にふれてしかるべきだ。だが、「談話」は「福島県内……暫定的考え方」にある二〇ミリシーベルト基準を正当化するかのような内容になっている。「談話」はまた、放射線の健康に対する影響について短く一般的な説明もしているが、それも原発災害による健康被害を低く見積もる記述になっていて適切なものとは思われない。これは楽観的な見解を述べる放射線学者が度々行ってきたことの再現であり、度々批判もされてきているのでここで詳しく述べることはしないが、日本学術会議会長の発言にふさわしいものでないということだけは述べておきたい。

日本学術会議会長談話「放射線防護の対策を正しく理解するために」は、科学者・研究者による情報提供への国民の期待をひどく裏切るものである。日本学術会議の会員としてたいへん残念である。また、このような「談話」をとどめえなかったことに対して申し訳ない思いである。日本学術会議の歴史に残る恥ずかしい文書との思いを否定できない。

なお、金澤一郎会長はこの「談話」を公表した二日後に定年で会長の地位を退いている。そして、二〇一六年一月に逝去された。この「談話」について、もはや会長に問いかけるわけにはいかない状況だ。このように定年でやめる寸前に、なぜこのような「談話」を出さなくてはならなかったのか。この「談話」について執行部の他のメンバーは関わっていなかったのか。そうした制度問題も含めて、残された日本学術会議会員の間で議論を深めていくしかないだろう。

以上は二〇一一年六月二二日に私個人のブログ「宗教学とその周辺」に掲載した「日本学術会議会長は

放射線防護について何を説明したのか？」という記事に基づくものだが、その後の経緯について述べておこう。

楽観論者による会長談話の利用

一つは、この日本学術会議会長談話「放射線防護の対策を正しく理解するために」をさっそく掲載した書物が刊行されていることだ。それは山下俊一監修・長崎文献社編『正しく怖がる放射能の話――一〇〇の疑問「Q＆A」長崎から答えます』（長崎文献社）で、発行日は二〇一一年六月二五日となっているから、これは素早い利用だ。

この書物には、「三月一八日夜に、福島県知事と福島県立医科大学理事長の要請を受け、翌一九日から現地で医療活動を開始し」（七〇ページ）、その後、福島県立医大の副学長に就任して、福島県県民健康管理調査の責任者となる山下俊一氏の文章がいくつか収められている。この時点での山下氏は、「福島原発事故による放射性降下物の影響は何年も続かないと、私は思います。長崎の原爆もそうでした」（六ページ）と根拠のない見通しを述べている。また、低線量被曝についてもきわめて楽観的な見通しを述べている。

避難住民や福島県民の方々は、人体への健康影響が高まる一〇〇ミリシーベルトを超す線量を受ける危険性はまずありません。ましてや一〇〇〇ミリシーベルト以上を浴びる確定的健康影響は、まったく心配する必要はありません。唯一、放射線降下物の影響で環境中および土壌中の放射線、すなわち放射性同位元素である放射性ヨウ素（半減期八日）や放射性セシウム（半減期三〇年）が増加し、身体の外部ならびに内部被ばくの原因になると懸念されています。しかし、事実として、五月一六日現在、福島県の環境モニタリングのデータは、いずれの観測地点でも減少傾向が続いています。（七一

ページ）

こうした楽観的発言に科学的根拠はあるだろうか。これが「正しく怖がる」ことなのだろうか。このような考え方を基調とした書物にいち早く利用されたことは、会長談話「放射線防護の対策を正しく理解するために」の性格や機能をよく物語るものだろう。

会長談話をめぐる学術会議内部での議論

一方、日本学術会議の内部からも私の問題提起への反応があった。会長談話「放射線防護の対策を正しく理解するために」を出した際、副会長としてそれに関与し、その後会長に選出された広渡清吾氏の著書、『学者にできることは何か――日本学術会議のとりくみを通して』（岩波書店、二〇一二年五月）の叙述である。

広渡氏はこの「会長談話」が強く政治的な意義をもつ文書であったことを正直に認め、政府の影響があったことを匂わせる重要な言明を行っている。

私は、この談話について、学術上の見地を新たに述べるというものではなく、放射線防護についての国際的水準の学術的理解に基づき、日本政府の防護政策を説明したものであり、いまの社会の状況からみて、政策的な意義をもつ文書である、という判断をしていた。このような談話の意義からして、政府関係者からはおおいに感謝された。この問題を所管する文部科学省の鈴木寛副大臣からは、その旨が伝えられた。私自身も、のちに会長となって民主党の幹部議員にあった際に、お礼を言われた。

（六四―六五ページ）

続いて、広渡氏は私のブログ記事を紹介しているが、それは主旨をおおよそ理解しているように見えるが、それをどう受け止めるかについては明快とは言えないものだ。

私のみるところ、ブログと会長談話の論点はＩＣＲＰ勧告の理解においてきちんとかみあっており、校舎・校庭利用の際の政府の防護基準の設定について会長談話が直接に言及しなかったことがブログによる批判の核心である。端的にいえば、「いま市民の聞きたいこと」に学術会議が対応していないという批判として受け止められる。私は、島薗会員とこれ以前にやりとりをした中でもこの批判を認識していた。そのことを認めるとしても、私は会長談話が「日本学術会議の歴史に残る恥ずかしい文書」などとは決して思わない。会長談話は、放射線防護についての国際的な標準的考え方を市民に広く説明し、問題を理解する基礎を提供するものであり、その上にたって、また、それを批判し、分かれるべき議論は分かれればよいのではないかと思った。（六六―六七ページ）

放射線健康影響問題へのその後の取り組み

私の論点は、緊急時の基準を現存被ばく状況の参考レベルであるかのように装うことで、本来は高く設定された二〇ミリシーベルトという参考レベル線量を、あたかも安全の上にも安全を見込んで設定したもののように述べている不誠実な政治性にあった。広渡氏の叙述はその問題には応答していない。

その後の学術会議の取り組みについて述べると、金澤会長の退任後、広渡氏が会長になったがその任期は三ヶ月で終わり、二〇一一年一〇月から大西隆氏が会長となった。その大西会長の体制に移ってすぐの一一月一六日に、東日本大震災復興支援委員会の下に放射能対策分科会が設置された。この分科会は三月に設置されほぼまったく機能しなかった「放射線の健康への影響と防護分科会」と異なり、多分野の科学者・研究者一七人を集めて数ヶ月にわたって調査と討議を重ね、二〇一二年四月九日に「放射能対策の新たな一歩を踏み出すために——事実の科学的探索に基づく行動を——」と題する提言（http://www.scj.go.jp/ja/info/kohyo/pdf/kohyo-22-t-shien4.pdf）をまとめている。

その内容は私から見ると、なお被災住民の健康に対する配慮が弱く楽観論に傾いているきらいがある。たとえば7の（3）「初期の予防原則に基づく対策・基準設定から中長期的な学術的根拠と費用対効果分析に基づく対策・基準設定への移行」という項である。ここでは、「放射線が人体に何らかの回復しがたい影響を与えることを前提として、国は、放射線管理区域を設定し、放射性物質の管理を厳格に行うなど、『予防原則』に沿った施策を実施してきた。事実、人の居住地に関しては、空間線量の高低、人体に与える影響の大小に応じて、強制的避難、除染が、また、内部被ばくに関しては、食品検査等が予防原則に基づいて行われている」と述べているが、とてもそうだったとは思えない。予防原則を軽視していることに対し、厳しい批判がなされてきたのだ。

日本学術会議現体制も信頼失墜を認める

しかし、他方、科学者・専門家が信頼を失ったという認識、科学と政策の間、また科学と市民社会の間に適切な関係が成り立っていなかったということについての認識を、不十分ながら述べているのは一歩前進といってよいだろう。

今回提起されたのは、科学的な知見に基づくリスクとその評価をどのような形で社会に情報として提供するかという、科学者にとって極めて重要な問題である。どのようなリスクが存在するのかが納得可能な形で説明されていないために、多くの人々が不安を抱えている状況が発生しているにもかかわらず、その時点では、まだリスクが科学的には十分検証できていない場合、科学者はどのように情報提供を行うべきかについて十分検討されて来なかった。また、客観的な「科学的事実」の範囲や定義が明確でないために、科学的事実と将来に対する前提に依拠しうる事実の科学的影響評価が混同され、現時点ではまだ不確かさの大きい評価が、あたかも事実として流布することともなった。特に、科学的データの適切な収集方法についての情報が十分ではなかったため、正確な人体への影響を予測することの困難が情報の混乱に拍車をかけた。

今回の事態を踏まえて、今後、科学的に明確な結論が出しえない時点において、どのような形で情報提供を行うことが適切かについて、十分に検討する必要がある。（「放射線対策の新たな一歩を踏み出すために」７（４）より）

放射能対策分科会の提言には多くの限界があるとしても、放射線健康影響をめぐる問題は狭い分野の専門家が独占的に情報提供し政策立案に関与すべきものなのではなく、広い分野の専門家や識者等が関わり、広く市民に見えるような形で討議すべきものであることを示したことは一定の意義があると思われる。

４．大学の内から

「東京大学環境放射線情報」ウェブページ

自由な学術の場であることを本旨とする大学においても異様な事態が生じていた。東京大学では「東京大学環境放射線情報」ウェブページで本郷、駒場、柏の三つのキャンパスの環境放射線情報を掲載していたが、そこできわめて信頼性の薄い解説やデータ提示をしていた。そこでは柏キャンパスの二ヶ所の測定地点のうちの一つ（柏（1））で、五月一三日の時点で〇・三五マイクロシーベルト／時となっていた。ところが、その後この地点の数値は掲載されなくなる。もうひとつの地点（柏（2））では、同日同時刻に〇・二三マイクロシーベルト／時だった。同日、本郷では〇・〇六マイクロシーベルト／時、〇・一二マイクロシーベルト／時、駒場では〇・〇六マイクロシーベルト／時が計測されていた。明らかに柏キャンパスが高い値を示していたのだが、その後、柏キャンパスについては二地点の中でも低い方の「柏（2）」の値のみ記されるようになる。

そして、二〇一一年六月段階での「環境放射線情報に関するQ＆A」では、次のように記されていた。

Q　本郷や駒場と比較すると、柏の値が高いように見えますが、なぜですか？

A　測定点近傍にある天然石や地質などの影響で、平時でも放射線量率が若干高めになっているところがあります。現在、私たちが公表している柏のデータ（東大柏キャンパス内に設けられた測定点です）は、確かに、他に比べて少々高めの線量の傾向を示しています。これは平時の線量が若干高めであることと、加えて、福島の原子力発電所に関連した放射性物質が気流に乗って運ばれ、雨などで地面に沈着したこと、のふたつが主たる原因であると考えています。気流等で運ばれてきた物質がどの場所に多く存在するか、沈着したかは、気流や雨の状況、周辺の建物の状況や地形などで決まります。結論としては、少々高めの線量率であることは事実ですが、人体に影響を与えるレベルではなく、健康にはなんら問題はないと考えています。

こうしたデータ提示や説明は疑問をいくつも招くものだ。まず、「測定点近傍にある天然石や地質などの影響で、平時でも放射線量率が若干高めになっているところがあります」とあること。これはどのようなデータに基づくものなのだろうか。また、「結論としては、少々高めの線量率であることは事実ですが、人体に影響を与えるレベルではなく、健康にはなんら問題はないと考えています」とあるが、そのように断言できるものなのだろうか。そして、なぜある段階から「柏（1）」地点の値の提示を止めたのだろうか。

「東京大学環境放射線情報」を問う東大教員有志

数人の東大教員がこのウェブページの記載に大いに問題があると感じるようになったのは、柏キャンパスの周辺の自治体で、この「東京大学環境放射線情報」ウェブページが引用され、地域住民への広報に用いられてきたからだ。たとえば柏市は五月一八日付けで「原発事故に伴う放射線量率等に関する市の考え方」を公開し、東京大学環境放射線情報にふれ「『少々高めの線量率であることは事実ですが、人体に影響を与えるレベルではなく、健康にはなんら問題はありません』とのコメントが出されています」と述べていた。同様の引用は、松戸市、流山市、市川市、などでも行われていた。

これに対して、押川正毅、影浦峡、安冨歩と私の四名の教員は、六月一三日付けで「『東京大学環境放射線情報』を問う東大教員有志」の名前で総長宛に要請書を提出した。これに対して大学側は、「健康にはなんら問題はありません」と述べた部分は削除したが、なお原発事故による放射性物質の健康影響を小さく見せようとする記述があったので、その改訂などを要求して、七月一日付けで第二回の「要請」を総長宛に提出した。ウェブ上で東大教員の賛同者を募ったところ、七四名が集まった。大学側の応答は不十分なものだったが、誤った情報提示を撤回させ、「東京大学環境放射線情報」ウェブページを少しなりとも改善させることができたのは確かである。また、このウェブページの責任者は工学部の元学部長である松本洋一郎理事であるが、実質的な責任者は、二〇一一年当時日本原子力学会会長であった工学部の田中知教授（環境安全本部放射線管理部長）であることも明らかにされた。田中知氏はその後、二〇一四年に国の原子力規制委員会の委員に、一七年には委員長代理に任命されている。

だが、安全につき不適切な情報を示してきた原子力工学の教員が、原発事故後そのまま東大の「環境放射線情報」を担当することになった東京大学の体制はそれでよかったのだろうか。『東京大学本部・環境放射線対策ニュース』No.12には「放射線に関する全学的対応について東京大学として一元的に対応するために松本洋一郎理事の下に『環境放射線対策プロジェクト』を設置しました」とあり、田中知教授が実質的な担当者であることを示唆する記述もある。適切な環境放射線情報の発信がきわめて重要だった時期に、この体制の下で不適切な情報発信がなされていたのだが、東京大学としてその点につき何らかの謝罪や釈明がなされたわけではない。なお、東京大学環境放射線情報から「健康にはなんら問題はありません」との文言が削除されたのを見た柏市などの自治体はいち早く、市民向けの発信情報内容を変更している。

東京大学原発災害支援フォーラム

「東京大学環境放射線情報」ウェブページをめぐる総長への「要請」を提示した教員有志は、その後数人を加えて、二〇一一年一一月に東京大学原発災害支援フォーラムを結成し、細々とではあるが活動を続けた。それは原発災害や放射線の健康影響をめぐって、大学という場から自由な批判的思考を示し続けたいと考えたからだ。東京大学原発災害支援フォーラム（ＴＧＦ）のホームページにはその主旨が記されているが、その一節を引こう。

私たちは東京大学の組織と構成員が、この災害を通してそのあり方を問われていると感じています。

「御用学者」という言葉が多用される事実があるように、大学や研究機関、そして研究者のあり方を考え直さなくてはならないときなのかもしれません。もちろんそのような大問題に即座に明確な答を示すことはできないでしょう。しかし、科学者・研究者としてその社会的責任を問い直しつつ、一般市民に適切な情報を提示し、市民の問いかけと情報交換のお手伝いをすることならばできるでしょう。

この名前と略称は福島大学原発災害支援フォーラム（ＦＧＦ）を意識したものである。ＴＧＦのメンバーの何人かは、早くからＦＧＦのメンバーと連絡をとっており、ＦＧＦの活動に少なからず示唆を得ていた。私個人はとくにＦＧＦのホームページに掲載された「提言」「福島大学および県は、低線量被曝リスクについて慎重な立場を」（二〇一一年四月二七日）に大いに共鳴していた。

私がＦＧＦの石田葉月氏と初めて出会ったのは、七月一六日に早稲田大学で行われたアレゼール日本シンポジウム「沈黙の喪のなかにいる全国の大学人へ、福島そして東京からのメッセージ」においてだった。「アレゼール日本」は文部科学省の主導による大学改革を問いながら、「社会の中で大学あるいは高等教育はどのような役割を果たすべきなのか、それにふさわしい大学の制度とは本来どのようなものなのか」を問うことを主眼とした大学教員ら個々人の連合組織である。そのアレゼール日本の主要メンバーの一人である岡山茂教授（早大政治経済学部）が中心となって企画されたこのシンポジウムの主旨は次のようなものだった（アレゼール日本のホームページ参照）。

六月初旬、福島大学の教員一一名が県知事に宛てて、放射能被曝の現状解明と対策を求める「要望書」を提出した。福島の大気と大地と海がとりかえしのつかない形で汚染されるなか、その事実から目をそむけることなく行動することを彼らは訴えている。「フクシマ」はわれわれにとって対岸の火事ではない。日本の大学人は惨事後の呆然とした沈黙に留まるよりは、「喪」を意識化する作業を通じて、自らの身体と言葉で応答する準備を始めるべきではないだろうか。今回は、福島からの声を聞き、東京からのメッセージを「大学」という場所で共鳴させることで、現在のカタストロフィを思考するための希望の糸口を模索したい。

ここには原発災害後の学術の信頼喪失、そして自由な学術の閉塞の露呈といった事態に対し、大学の内から問い返し、開放の潮流を作っていきたいという意思が示されている。こうした集いを通じて、大学の内から学術の社会的責任を問い返していく教員らの共同意思を実感できたことにはとても励まされた。

批判的な思考力を養う教育と大学の役割

二〇一二年三月二五日、福島大学で行われた講演とシンポジウム「放射線災害と被曝リスク――原発事故から一年、リスクはどう伝えられてきたか」と踵を接し『放射線と被ばくの問題を考えるための副読本――〝減思力〟を防ぎ、判断力・批判力を育むために』が公表された。二〇二一年一月の現在も、ウェブ上で改訂版とともに見ることができる。これは福島大学放射線副読本研究会の監修になるものだが、主として同大共生システム理工学類の環境計画研究室に所属し、ＦＧＦのメンバーでもある後藤忍氏が筆をとったものだ。

文部科学省は二〇一一年一〇月に小・中・高校生向けの放射線副読本を刊行している。これは二〇一〇年まで文部科学省と経済産業省資源エネルギー庁から出されていた『わくわく原子力ランド』（小学生用）、『チャレンジ！　原子力ワールド』（中学生用）などが余りに原発推進に偏ったものであったので、新たに刊行されたものだ。しかし『放射線と被ばくの問題を考えるための副読本』は、これらにつき「新副読本は、福島第一原子力発電所の事故の後に作成されたものですが、事故に関する記述がほとんどなく、放射線が身近であることを強調し、健康への影響を過小に見せるなど、内容が偏っているという問題点が指摘されています」としている。原発推進側の立場にいた研究者等が、責任を自覚するというよりは責任を回避するような姿勢で著されたものと言うべきだろう。

　これに対して、『放射線と被ばくの問題を考えるための副読本』は「判断力や批判力を育む」ことを目標に掲げ、「学問に携わる者として」の責任を強く意識した叙述を行っている。「はじめに」には次のように記されている（一ページ）。

> 　今回の原発事故で教訓とすべき点の一つは、偏重した教育や広報により国民の公正な判断力を低下させるような、いわば〝減思力《げんしりょく》〟を防ぐことです。そして、放射線による被ばく、特に低線量被ばくによる健康への影響については、正確なことは分かっておらず、専門家の間でも見解が一致していません。このような「答えの出ていない問題」については、どのように考えていけばよいのでしょうか。
> 　私たち、福島大学放射線副読本研究会のメンバーは、学問に携わる者として、また、原発事故によって被ばくした生活者として、このような不確実な問題に対する科学的・倫理的態度と論理を分かりやすく提示したいと考え、この副読本をまとめました。今回の副読本では、国の旧副読本・新副読本における記述や、原発推進派の見解を積極的に載せることでバランスに配慮しながら、そこに見られる問題点を指摘することで、判断力や批判力を育《はぐく》むことができるように工夫をしました。もちろん、この副読本も、批判的に読んでいただいて結構です。

『放射線と被ばくの問題を考えるための副読本』と「減思力」批判

ここで用いられている「減思力」という表現は卓抜だ。原発推進のために行われてきた国の広報活動の根本的な問題について的を得た表現と言えるだろう。『放射線と被ばくの問題を考えるための副読本』は「減思力」を養おうとする国の態度を示す一例として、一九九一年に科学技術庁の委託を受けて日本原子力文化振興財団がまとめた報告書「原子力ＰＡ方策の考え方」を参照している。なお「ＰＡ」とは「原子力を人々が受け入れる（Public Acceptance）ための様々な方策」と説明されている。（一三ページ）

■頻度

「繰り返し繰り返し広報が必要である。新聞記事も、読者は三日すれば忘れる。繰り返し書くことによって、刷り込み効果が出る。」

■時機（タイミング）

「事故時を広報の好機ととらえ、利用すべきだ。（中略）事故時はみんなの関心が高まっている。大金を投じてもこのような関心を高めることは不可能だ。事故時は聞いてもらえる、見てもらえる、願ってもないチャンスだ。」

「事故時の広報は、当該事故についてだけでなく、その周辺に関する情報も流す。この時とばかり、必要性や安全性の情報を流す。」

「夏でも冬でも電力消費量のピークは話題になる。必要性広報の絶好機である。広告のタイミングは事故時だけではない。」

■考え方（姿勢）

「原子力が負った悪いイメージを払拭する方法を探りたい。どんな美人にもあらはある。欠点のない人がいないように、世の中のあらゆるもの、現象には長所と短所がある。（中略）原子力はもともと美人なのだから、その美しさ、よさを嫌みなく引き立てる努力がいる。」

このような考え方に基づいて原子力の広報が行われてきたこと自体、異様なことであるが、それは福島原発事故後も続いている。「副読本のポイント」として五点挙げられているうちの第五番目は「情報を鵜呑みにしない判断力や批判力を育むことが大切です」だが、その考え方が巧みに例示されている。『放射線と被ばくの問題を考えるための副読本』は続いて「専門家の誤り」という項を設けて、環境リスク学では知られているリスクの確率では処理しきれない未知の領域（「不確実性」や「無知」）を前提として考察すべきとされているにもかかわらず、あたかも既知のリスクだけで処理する傾向があることを指摘している。未知の領域についてはさまざまな仮定が入り込むのだが、そこには主観的「判断」が入り込まざるをえない。こうしたことを踏まえて、特定専門家のリスク評価だけに委ねるのではない「社会的意思決定」が必要であることを示している（一四ページ）。

教育学者による文科省流放射線教育批判

東京大学の教員も放射線教育の問題に積極的に取り組んでいる。ＴＧＦのウェブサイトに転載されている小玉重夫氏（東京大学大学院教育学研究科教授）の『教職研修』二〇一二年二月号に掲載された「なぜ、『放射線教育』が必要か？」という文章を見よう。小玉氏は「東京大学環境放射線情報」をめぐるＴＧＦと大学執行部のやりとりや、日本学術会議の「東日本大震災復興支援委員会放射能対策分科会」の委員として、審議に参加した経験を踏まえて、次のように述べている。

以上のような活動に参加しながら痛切に感じていることは、専門家によって生み出される学問や科学に対する社会的な信頼が大きく揺らいでいるという事実である。原発事故直後、多くの専門家が原発事故の規模を低く見積もる発言をし、放射線被曝の影響についても「ただちに健康に悪影響を与えるものではない」といった類の発言を繰り返してきたが、そうした発言は必ずしも市民から信頼されておらず、その結果、消費者・生産者の双方が不安と負担に悩まされている状況がある。

このような科学や専門家への不信を解消するためには、放射線の影響について専門家の間でも論争があることを隠さずに示し、市民の側の判断力（リテラシー）を高め、判断を専門家任せにしないような教育を行わなければならない。（九二ページ）

後藤氏らの『放射線と被ばくの問題を考えるための副読本』と同様、小玉氏も福島原発事故後に刊行された文部科学省の新しい放射線副読本の問題点を指摘している。

たとえば、「短い期間に一〇〇ミリシーベルト以下の低い放射線量を受けることでがんなどの病気になるかどうかについては明確な証拠はみられていません。普通の生活を送っていても、がんは色々な原因で起こると考えられていて、低い放射線量を受けた場合に放射線が原因でがんになる人が増えるかどうかは明確ではありません」と述べている（中学校新副読本、一五ページ）。

しかしこれは、「国際放射線防護委員会（ＩＣＲＰ）は、一度に一〇〇ミリシーベルトまで、あるいは一年間に一〇〇ミリシーベルトまでの放射線量を積算として受けた場合でも、線量とがんの死亡率との間に比例関係があると考えて、達成できる範囲で線量を低く保つように勧告しています」と述べていること（同書、一五－一六ページ）と、矛盾するのではないか、という問題点が指摘されている。

シティズンシップ教育としての放射線教育

続いて小玉氏はこれを「シティズンシップ教育」の課題という観点から整理している。「市民の判断力（リテラシー）を高める放射線教育」とはまた「シティズンシップ（市民性）教育」の一環でもあるだろう。小玉氏はそこで注視すべきポイントを二つ挙げている。「第一に、科学者や専門家の発言はあくまでもその専門領域に関するものであって、社会的・政治的判断を行うのは民主主義社会の構成員である市民自身であることを明確にするという点である」。また、「第二に、専門家の見解に対立や論争がある場合、そこで論点になっていることは何なのかをこそ、しっかりと教え、考えさせることである。シティズンシップ教育においては、『論争的問題』を教育することで『争点』を理解し、、政治的リテラシーを高めることが重視されている」。

放射線の健康影響については、多様なリスク評価を踏まえた社会的な討議に基づく対策が必要だ。ところが、放射線被ばくの場合、特定領域の専門家が自らの専門領域をはるかに超えて、「不安こそが問題だ」、「避難により社会的コストを減らすべき」などとの主張を押し通し、政策立案に関わってきた。その過程で極力異論を排除しようとし、そのために信頼を失ってきた。しかもそのことを認めようとせず、国民や地域住民の側の科学リテラシーの欠如こそが問題だと主張してきた。そのあらましについてはこの章の第1節で述べてきたとおりだ。

こうした信頼の喪失を克服していくためには、小玉氏が述べているように、（1）専門家の知見は限定的な領域に限られたものであること、（2）科学的知見には異論がある場合が多く、争点を理解して自分なりの判断を行う力を育てることが重要だ。小玉氏は「学校や教師は、以上の二点をふまえつつ、市民と専門家の間を橋渡しするコーディネーターになることが、これまで以上に強く求められている」と述べている。こうした「シティズンシップ教育」は、さまざまなレベルの学校で教える教員だけでなく、市民相互の教育・啓発活動においても求められるものだろう。そして、そうした「教育」の基礎は「減思力」を弱め批判的思考を養うことを訓練する場である大学においてこそ培われるものだろう。

私なりに捉え直そう。大学は成熟した市民を育てる教育機関でもある。そこでは多様なものの見方があることを知り、争点を理解しつつ自分なりの批判的思考を育てていくことが求められる。ＦＧＦとＴＧＦは原発災害から生じた学術の信頼喪失という問題に向き合いつつ、シティズンシップ教育の中心的な機関としての大学の社会的責任を強く自覚した大学教員の集いである。

5．放射線の健康への影響の不明確さ

放射線の健康影響についてのさまざまな見方

放射線の健康への影響についての日本学術会議や大学の対応が混迷を続けてきた主な理由は、その分野で権威をもつはずの放射線の健康影響の関連分野の科学者・専門家が、楽観論の立場に立っているのに対して、そうではないとする科学者・専門家が世界各地に多数おり、そこから提示される情報にそれなりの真実性があると受け取られているからだ。市民の中には日本の権威あるはずの専門科学者の言うことをそのまま受け入れずに万全の対応をとるべきだとする立場に立つ人々が少なくない。異なる立場の間で対話や討議があればよさそうなものだが、それがほとんど成り立っていないので、ますますとまどいが増す。

ここで楽観論についておおよそを紹介しておこう。アメリカによる原爆傷害調査委員会（ＡＢＣＣ）を

引き継ぎ、日米共同で営まれてきた放射線影響研究所の所長を務めた長瀧重信氏は、「放射線の正しい怖がり方」（『正論』二〇一一年八月臨時増刊号）という文章で次のように述べている。

　現在、国際的にも通用している大切な調査結果は、被曝線量が増加するほど癌に罹患するリスクが増加すると言うことです。原爆被爆は一瞬ですが、このようにたくさんの男も女も、子供も老人も含んだ、しかも少量から大量までの放射線を浴びた集団は世界にありませんので、この結果が世界でも引用され、放射線の影響の基本となっています。国連科学委員会（ＵＮＳＣＥＡＲ）、国際放射線防護委員会（ＩＣＲＰ）でもこの原爆被爆者の調査結果を利用して、放射線に被曝すると、被曝線量が増えると癌のリスクが直線的に増加する。そして一〇〇〇ミリシーベルトの被曝により、生涯に癌で死亡するリスクが一〇％増加するとしています。（中略）線量の下のほうでは、五〇〇ミリシーベルトでは五％、一〇〇ミリシーベルトでは一％生涯の癌死亡のリスクが増加する、また被曝が原爆のように一瞬ではなく慢性に被曝した場合には一〇〇ミリシーベルト被曝で生涯癌で死亡するリスクが〇・五％増加するとしています。しかし一〇〇ミリシーベルト以下の被曝で影響があるかどうかは分からないと結論しています。（中略）

　現在、二〇ミリシーベルト、一ミリシーベルトが議論されていますが、いずれも国際的な科学的な同意（ＵＮＳＣＥＡＲ、ＩＣＲＰ）の中では、影響があるかどうかは受動喫煙など他の発癌リスクと混在するほど低く、科学的にはわからないという線量の中に入ります。（一三〇―一三一ページ）

楽観論に対する疑問と異なる立場からの主張

楽観論の立場の要約として分かりやすいものだが、実は論旨には大いに問題がある。まず、（1）「一〇〇ミリシーベルト以下では分からない」というＵＮＳＣＥＡＲ（原子放射線の影響に関する国連科学委員会）やＩＣＲＰ（国際放射線防護委員会）の見解だが、これは値がそれほどに小さくて分からないというのではない。大きいか小さいかも含めて調査資料が十分でなくて分からないというのが言わんとするところだ。（２）大人と子どもや胎児では発癌リスクに大きな差がある。数倍大きいとされるが、多くの場合、楽観論者はそれにふれない。（３）子どもや胎児が被曝した場合、発がん年齢は早くなり、高齢の発癌死を含めた比率に対して比較的若年で発症する比率を示す必要があるが、多くの場合、楽観論者はそれにふれない。（４）発がん死以外に多くの病気・障害があるとしそれらによる死亡も含めた数値もあるが、楽観論ではそれらにはふれないのを常とする。

これらの問題は、広島・長崎の原爆被害についての調査からもある程度、指摘できることだが、チェルノブイリ事故の被害についての資料からは、放射能被害が深刻かもしれないとするデータが数多く示されている。ウクライナ政府（緊急事態省）報告書『チェルノブイリ事故から二五年 "Safety for the Future"』（二〇一一年四月）はその一つで、一部、日本語訳もなされ、ウェブ上で見ることができる（「『チェルノブイリ被害調査・報告』女性ネットワーク翻訳資料」『市民研通信』第九号、通巻一三七号）。また、アレクセイ・ヤブロコフら三人の編者による『チェルノブイリ――大惨事が人びとと環境におよぼした影響』(Chernobyl: Consequences of the Catastrophe for People and the Environment)（*Annals of the New York Academy of Science*, Vol. 1181, 2009）があり、これも早くからウェブサイトで日本語訳の一部を見ることができたが（「チェルノブイリ被害実態レポート翻訳プロジェクト」のホームページにて）、後に全訳が刊行された（アレクセイ・ヤブロコフ他編『調査報告　チェルノブイリ被害の全貌』岩波書店、二〇一三年）。

チェルノブイリ原発災害をどれほどと見るか？

楽観論者はチェルノブイリの原発事故災害についても被害が少なかったことを強調する。たとえば、東大病院准教授の中川恵一氏は三月一九日のツイッターで、「史上最大の放射事故であるチェルノブイリの原発事故では、白血病など、多くのがんが増えるのではないかと危惧されましたが、実際に増加が報告されたのは、小児の甲状腺がんだけでした」と述べている。これについては京大原子炉研究所助教の今中哲二氏の「チェルノブイリ事故による死者の数」(http://www.rri.kyoto-u.ac.jp/NSRG/tyt2004/imanaka-2.pdf)を見るとさまざまな評価があることが分かる。

一つの根拠とされるのは、一九八九年のソ連政府の依頼を受けてＩＡＥＡが行った国際チェルノブイリプロジェクトの調査結果の報告である。この調査は日本の重松逸造が委員長になったものだが、「汚染に伴う健康影響は認められない」とした。これには多くの批判があり、これもＩＡＥＡ主導のチェルノブイリ・フォーラムは二〇〇五年、「放射線被曝にともなう死者の数は、将来ガンで亡くなる人を含めて四〇〇〇人である」と結論した。しかし、この報告には地元の学者からの抗議が多く、その後「フォーラムの身内というべきＷＨＯやＩＡＲＣ（国際がん研究機関）からも……もっと大きなガン死数推定値が発表され、フォーラムの面目は丸つぶれの状況にある」。今中氏自身は「今の〝私の勘〟では、最終的な死者の数は一〇万人から二〇万人くらい、そのうち半分が放射線被曝によるもので、残りは事故の間接的な影響でしょう」と答えるのだという。約一〇〇万人という評価もあるが（『調査報告　チェルノブイリ被害の全貌』）、不安増幅を避けるべく抑制した堅実な立場をとった評価と言えるだろう。

放射線影響研究所理事長、重松逸造氏の評価への疑問

では、長年、放射線影響研究所の理事長を務め、国際チェルノブイリ・プロジェクトの委員長を務めた重松逸造氏はどのように述べているか。『日本の疫学――放射線の健康影響研究の歴史と教訓』（医療科学

社、二〇〇六年）は主に関西電力の広報誌『くらしと健康』に掲載された一般向けの連載に基づくものだが、国際チェルノブイリ・プロジェクトの調査がどのようなものだったかおおよそ分かるように書かれている。

この調査の目的は、この時点で被ばく住民の間に心配されているような健康被害の増加があるかどうかを評価することにありましたので、疫学調査の方法としては、ある時点での有病状況を比較する断面調査が行われました。具体的には、七汚染地区と対照となる六非汚染地区を選び、生年によって二、五、四〇、六〇歳に該当する者を各年齢群約二五人ずつ抽出しました。検査は次の一二項目について行われました。①既往歴、②一般的精神状態、③一般的健康状態、④心臓血管状態、⑤成長指数、⑥栄養、⑦甲状腺の構造と機能、⑧血液と免疫系の異常、⑨悪性腫瘍、⑩白内障、⑪生物学的線量測定、⑫胎児と遺伝的異常。最終的に検査を終了した者は計一三五六人でした。（六三ページ）

では、その結果、何が分かったのか。三点挙げられているが、前の二つは次のとおりだ。

一、汚染地域と非汚染地域で実施された検診結果を比較すると、両地域とも放射線と無関係な健康障害が目立っており、放射線被ばくに直接起因すると思われる健康障害は認められなかった。（「要医療割合」が非汚染地区のほうで高いことを示す図が示されているが略す）

二、事故の結果、心配や不安といった心理的影響が汚染地域以外にも拡がっており、ソ連の社会経済的、政治的変動とも関連していた（六三―六四ページ）。

サンプル数はわずか一三五六人でそのうち半分は事故による放射線の影響をあまり受けていないと推定

される対照集団である。つまりわずか七〇〇人弱の被ばく者への調査から、「健康障害は認められなかった」との結論が導き出される。あるいはＵＮＳＣＥＡＲの二〇〇〇年の報告書にあるように、「大部分の人が受けた線量は低く、健康影響の心配はほとんどないが、心理的、精神的影響には十分配慮すべきである」（六八―六九ページ）と述べられることになる。

この調査は、放射能への「不安」こそが主要な障害要因であり、放射線そのものの健康影響はほとんどないという評価の下敷きとされるものだ。だが、放射線の影響と不安などの精神的な要因の影響を考察するのにわずか七〇〇人ほどの対象者に対するきわめて短期間の調査で何ほどのことが分かるだろうか。日本の放射線医学関係者はなぜチェルノブイリ調査の結果を持ち出して楽観論を説くのだろうか。こうした問いを考える上で重松氏の『日本の疫学』はたいへん役立つ資料と言わなくてはならない。

異なる立場に立つ放射線医学者

もちろん日本の放射線医学者や放射線防護学者がすべて重松氏の立場を支持するわけではない。たとえば、北海道がんセンター院長（放射線治療科）の西尾正道氏は「福島原発事故における被ばく対策の問題――現況を憂う」（医療ガバナンス学会ホームページ。同学会メルマガ〔ＭＲＩＣ〕一九五、一九六号、二〇一一年六月二〇、二一日、掲載）で次のように述べている。

政府は移住を回避するために、復興期の最高値二〇ミリシーベルトを採用したのである。しかし原発事故の収拾の目途が立っていない状況で住民に二〇ミリシーベルト／年を強いるのは人命軽視の対応である。

この線量基準が諸兄から「高すぎる」との批判が相次いだ。確かに、年齢も考慮せず放射線の影響を受けやすい成長期の小児や妊婦にまで一律に「年間二〇ミリシーベルト」を当てはめるのは危険であり、私も高いと考えている。しかし私は、「年間二〇ミリシーベルト」という数値以上に内部被ばくが全く計算されていないことが最大の問題であると考えている。

政府をはじめ有識者の一部は一〇〇ミリシーベルト以下の低線量被ばく線量では発がんのデータはなく、この基準の妥当性を主張している。しかし最近では一〇〇ミリシーベルト以下でも発がんリスクのデータが報告されている。

広島・長崎の原爆被爆者に関するPrestonらの包括的な報告では低線量レベル（一〇〇ミリシーベルト以下）でもがんが発生していると報告され、白血病を含めて全てのがんの放射線起因性は認めざるをえないとし、被爆者の認定基準の改訂にも言及している。

また、一五カ国の原子力施設労働者四〇万人以上（個人の被曝累積線量の平均は一九・四ミリシーベルト）の追跡調査でも、がん死した人の一～二％は放射線が原因と報告している。

こうした報告もあり、米国科学アカデミーのＢＥＩＲ－Ⅶ（Biological Effects of Ionizing Radiation-Ⅶ、電離放射線の生物学的影響に関する第七報告、二〇〇八）では、五年間で一〇〇ミリシーベルトの低線量被曝でも約一％の人が放射線に起因するがんになるとし、「しきい値なしの直線モデル」【（ＬＮＴ（linear non-threshold）仮説】は妥当であり、発がんリスクについて「放射線に安全な量はない」と結論付け、低線量被ばくに関する現状の国際的なコンセンサスとなっている。

同じ立場の科学者・専門家だけの集合体

こうした見解があるにもかかわらず、放射線医学や放射線影響・防護学の組織からはこれを支持する声はほとんど聞こえてこない。試みに首相官邸災害対策ページの「原子力災害専門家グループ」のメンバーや日本学術会議の「東日本大震災対策委員会・放射線の健康への影響と防護分科会」（第2節参照）を見てみるとよい。構成員は楽観論を唱える科学者で固められていることが分かる。このようなメンバー構成のあり方は私が関わってきた生命倫理に関わる諸問題を議するような委員会ではありえないことである。他の分野でもこのように異論を排除する委員会があるものかどうか、たぶんきわめてまれなものであるはずだ。

放射線に関する科学とリスクの情報がこのように閉鎖集団的な特質を帯びているのは、この領域が軍事科学的な領域から発展してきたこと、また軍事的性格を脱した場合もきわめて大きいリスクをはらんだ科学技術領域であることと関わりがある。軍事的利益が関わっていることや、厳しい管理によってリスクを縮減するという主張がなされることから秘密主義的な態度がつきまとうことになる。実際には一部の人々に都合のよい情報操作がなされ続けることになる。しかし、情報管理や秘密主義を巧みにこなしてきたつもりでも、情報開示を制限してきたことによる閉鎖体質が、さらに大きな被害を生み、結局は市民の不信や疑いを増幅させることになる。

実際、放射線の健康への影響の問題については、市民の側から投げかけられる疑問に対して、科学者による説明が不十分と感じられる機会がきわめて多い。この章の初めの部分で述べた日本学術会議の放射線の健康影響に関する情報提示はそのよい例である。なぜそうなるのだろうか。放射線の健康への影響に関する学問分野は閉ざされた専門家集団で固められているのではないか。多くの市民はそう思えざるをえなかった。この難点をどうすれば克服していけるのか、分野を超えた学者の討議・考察が、また市民との双方向的なコミュニケーションの深化が求められている。

6．異なる立場で論じ合うために

異なる立場の委員が加わった放射能対策分科会

福島原発事故以来、放射線の健康影響について、対立する見方があり、人々がどちらにも接しうる状況であるのに、相互に情報や意見を出し合い討議する機会がないという事態が続いた。こうした状況が好ましくないので、対立する立場の研究者が同じ場に出て、論じ合うことが必要だという考えは日本学術会議のなかでも次第に熟していった。ここでは、本書の初版が刊行された二〇一三年二月以降の状況について述べていこう。

「放射線の健康への影響と防護分科会」（二〇一一年四月〜九月）の情報発信や、会長談話「放射線防護の対策を正しく理解するために」（二〇一一年六月一七日）に対する批判を受けて、二〇一一年一一月には「放射能対策分科会」が設置されたことはすでに述べた（六七ページ）。この分科会は、「放射線の健康への影響と防護分科会」と比べると委員の構成も多様であり、異なる立場の委員が討議し合う形に一歩近づいたものと言える。先に二〇一二年四月九日づけの提言「放射能対策の新たな一歩を踏み出すために——事実の科学的探索」に言及したが、この分科会は、その後、「復興に向けた長期的な放射能対策のために——学術専門家を交えた省庁横断的な放射能対策の必要性」という二〇一四年九月一九日付けの提言も出している。この文書の「提言3」は以下のようになっている。

提言3：初期被ばくの実態についての学術的解明の必要性

初期被ばくの影響については、事故初期の放射性物質の放出や拡散の情報が十分に公開・共有されていないために、適切に解明されているとは言い難い。一刻も早く、初期被ばくの実態を把握する必要がある。そのために、政府関係機関並びに全ての学術組織は、保有するものの中で原発事故とその影響の解明に役立つ可能性のある情報を、ただちに公開すべきである。また、それら新たな情報や、炉内事象、放射性物質の物理的・化学的性状等に関する知見を基に、大気中放射性物質濃度の再現シミュレーションの高度化を図るなど、初期被ばくの実態を明らかにする研究の充実が必要である。また、政府・自治体は、これらの研究成果を必要な政策決定に反映すべきである。

ここでは、初期被ばくがわからない状態になっていることが認められている。これによれば、初期の放射線被ばく量が少なかったから放射線被ばくによる甲状腺がんが発症することはないだろうという推測は成り立ちにくいということにもなる。これは福島県県民健康調査での甲状腺がんの増加について、度々「放射線被ばくの影響は考えにくい」とされている根拠がきわめて危ういものであることになるはずだ。

この箇所に限らず、この文書では、福島原発事故後の健康調査が適切さを欠いていたのではないかという示唆が随所に盛り込まれている。「提言4」には、「現在限定的に行われている健康調査の対象地域の妥当性については、国は初期被ばくに関する新たな知見を踏まえ再検討すべきであり、科学者コミュニティはこれらの活動を支援しなければならない」と述べられている。

福島原発災害後の科学と社会のあり方を問う分科会

同じ時期、日本学術会議第一部では、「福島原発災害後の科学と社会のあり方を問う分科会」が活動した。この分科会は私、島薗が委員長を、法学者の後藤弘子氏が副委員長、環境学の鬼頭秀一氏と政治学の杉田敦氏が幹事を務め、委員には元日本学術会議会長で東大総長も務めた吉川弘之氏も加わった。二〇一二年三月に立ち上げられたこの分科会は、二〇一四年九月に「提言　科学と社会のよりよい関係に向けて――福島原発災害後の信頼喪失を踏まえて」を出し、二〇一六年五月に島薗進・後藤弘子・杉田敦編『科学不信の時代を問う――福島原発災害後の科学と社会』（合同出版）を刊行した。

この分科会の「提言」には、まず「作成の背景」として、「事故が起こったこととその後の対応をめぐり科学や科学者に対する信頼は大きく低下した」とし、「現状及び問題点」において、「科学的な不確実性が高く、トランス・サイエンス的状況にある主題に対しては、専門的な研究者集団がその領域で閉じた議論で統一見解を出すだけでは、不適切な事態になりうることに留意すべきである」としている。「トランス・サイエンス」とは「科学によって提起されるが科学によっては答えることができない領域」を指すが、原発事故後の放射線健康影響の問題は、まさにそのような領域に属する事柄だった。そこで、この文書内の具体的な「提言２」は次のようなものになっている。

科学者集団は追求している学術的成果がどのような政治的経済的利害関係に関わっているのかについて、つねに反省的に振り返るべきである。また、他の分野や異なる立場の科学者や市民からの批判的検討を歓迎し、開かれた討議の場を積極的に設けるべきである。

こうした発信は、政府や福島県、また経産省や原子力推進側の意向を背負った科学者・専門家の一方的な情報提示に抗う意味をもっている。原発事故によって拡散した放射性物質による被害はまったくない、よって自らの判断で避難した人々を支援する必要はないというメッセージが頻繁に発せられ、政策に反映している。避難した人々の帰還を促進し、復興の進展を印象づけようとする政治的意思と結びついて、「放射線「安全」論」が事故後、ときを追って強力に進められてきている。日本学術会議にはそれに抗って学術的な真実を発信しようとする姿勢がないわけではなかった。

放射線防護・リスクマネジメント分科会

しかし、他方で日本学術会議のなかでは、あいかわらず狭い専門家集団のなかで十分な吟味をされない情報発信がなされ、問題になっている。臨床医学委員会放射線防護・リスクマネジメント分科会が二〇一七年九月一日付けで出した報告「子どもの放射線被ばくの影響と今後の課題――現在の科学的知見を福島で生かすために」は、これこそが日本学術会議の報告書であるかのような情報発信をする学者もいた（「坂村健の目　被ばく影響、科学界の結論」『毎日新聞』二〇一七年九月二一日号）。また、資源エネルギー庁のウェブサイトで「福島の『被ばくの影響』とは～日本学術会議の報告書が出ました」と広報され、二〇一七年末にはこれがあたかも重要な調査研究の結論であるかのように提示された。

「報告の内容」の最初の項目は以下のようになっている。

> （1）子どもの放射線被ばくによる健康影響に関する科学的根拠
>
> 原子放射線の影響に関する国連科学委員会（United Nations Scientific Committee on the Effects of Atomic Radiation: 以下、UNSCEAR）は、福島原発事故を受けて、放射線の人体影響の科学的知見や事故後の被ばく線量の推定値から、「将来のがん統計において事故による放射線被ばくに起因し得る有意な変化がみられるとは予測されない、また先天性異常や遺伝性影響はみられない」と言う見解を発表している。一方、甲状腺がんについては、最も高い被ばくを受けたと推定される子どもの集団については理論上そのリスクが増加する可能性があるが、チェルノブイリ事故後のような放射線

誘発甲状腺がん発生の可能性を考慮しなくともよい、と指摘している。

このように、あたかもこれが科学的な結論であるかのように示している。このこと以外にも危うい記述は多い。たとえば、「提言に向けた課題の整理」という項には、「個人の線量や影響に関する情報を知る・知らされることは、当人や家族の精神的負 担に成り得ることを認識し、検査に当たっては現場での丁寧な説明を徹底するとともに、「過剰診断」や「知らない権利への配慮」に関して医療倫理面からの議論を深めるべきである」と記されている。

放射線防護・リスクマネジメント分科会「報告」批判

この「報告」に対する詳細な批判が「「報告　子どもの放射線被ばくの影響と今後の課題——現在の科学的知見を福島で生かすために」に関する質問」として、二〇一八年三月二十八日付けで公表されている(http://www.ccnejapan.com/?p=9583)。

起案者は崎山比早子氏(元東京電力福島原子力発電所事故調査委員会(国会事故調)委員)、濱岡豊氏(慶応大学教授)ら六人で、私もその一人として名を連ねている。さらに、池田光穂氏(大阪大学教授)、鬼頭秀一氏(星槎大学教授)、菅谷昭氏(甲状腺外科医、松本市長)、辻内琢也氏(早稲田大学教授)、原口弥生氏(茨城大学教授)ら賛同者三七人の名前も記されている。質問は三一項目に及んでおり、最後の項目は「「報告」は、全体を通して文献の引用に一貫性がなく、被ばくによる影響がないとする文献が強調されています。これによって、現在の科学的知見が歪曲されています」というものである。

ここで付け加えておきたいことは、そもそも日本学術会議において、「報告」とはどのような地位をもつものかということである。日本学術会議は「報告」について、「科学的な事柄について、部、委員会又は分科会が行った審議の結果を発表するものです」と、「提言」については、「科学的な事柄について、部、委員会又は分科会が実現を望む意見等を発表するものです」と説明しているが、両者の重さはだいぶ異なるものである。「報告」はさほどの吟味を経ず、時間をかけずに公表まで至ることができるが、「提言」は慎重な査読等を経て長い時間をかけて吟味された後に公表されるものである。だから、この「報告」も「提言に向けた課題の整理」をいくつも記しているのである。

では、その後、この分科会は「提言」の提出に向けて調査、考察、議論を深めていったのだろうか。実際には、二〇一八年に三回、一九年に一回の会議が行われただけであり、結局、「提言」をまとめる努力は行われていない（http://www.scj.go.jp/ja/member/iinkai/bunya/rinsyo/giji-housyarisk.html）。任期が終わる二〇二〇年九月までに「提言」がまとめられることはなかった。このように責任がまっとうされない分科会のあり方は、二〇一一年九月の「放射線の健康への影響と防護分科会」のあり方を彷彿とさせるものである。実際、どちらも一五人ほどのメンバーの分科会だが、およそ三分の一の委員は両方の分科会に所属している。

被ばく量の過小評価が疑われる早野龍五氏らの論文

さらに、二〇一八年になって原発事故後の放射能汚染の調査研究に基づく論文について、重大な疑惑が露わになってきた。宮崎真氏（福島県立医大助手）と早野龍五氏（東京大学大学院理学系研究科教授・当時）によって書かれ、イギリスの科学誌『放射線防護学（*Journal of Radiological Protection*）』に掲載された二つの論文について、放射線量の過小評価や伊達市民の個人情報の不正利用などの疑いが生じ、実質的な論文執筆者である早野氏も誤りを認めるという事態に至ったのだ。

疑惑の対象となった二つの論文は、同誌二〇一六年一二月刊行号に掲載された論文と二〇一七年一二月刊行号に掲載されたもので、今ではそれぞれ「第一論文」と「第二論文」とよばれている。それぞれ、日本語では「パッシブな線量計による福島原発事故後五ヶ月から五一ヶ月の期間における伊達市民全員の個人外部被曝線量モニタリング：1．個人線量と航空機で測定された周辺線量率の比較」、「パッシブな線量計による福島原発事故後五ヶ月から五一ヶ月の期間における伊達市民全員の個人外部被曝線量モニタリング：2．生涯にわたる追加実効線量の予測および個人線量にたいする除染の効果の検証」と題されている（https://www.iwanami.co.jp/kagaku/hibakuhyoka.html）。

この二つの論文では、伊達市の住民がどれほどの被ばくをしたかについて、市民自身がガラスバッジによって行なった計測の結果を用い、推計したものである。第一論文はガラスバッジで測定された各市民の個人被ばく線量と航空機で測定された空間線量の間に見られる相関を分析したもので、各市民の個人被ばく線量は空間線量の〇・一五の値になり、政府が定めた〇・六という値の四分の一になると結論づけたものだ。これまで想定されてきたほどの被ばくはないので、これ以上の除染は必要がないという政策にもつながることになる。また、第二論文はガラスバッジで測定された四二五人の市民の個人の、事故後七ヶ月から三八ヶ月までの累積被ばく線量を推計したもので、それほど高くない数値なので除染はすでに十分効果をあげているということになる。

宮崎・早野論文と科学者の信頼性

この二つの論文に対して、物理学者の黒川眞一氏（高エネルギー加速器研究機構名誉教授）や谷本溶氏（ローマ大学トル・ベガータ数学科）らが詳細にわたる批判を展開し、『科学』誌（岩波書店）に論文として発表したり、国際英文学術誌『放射線防護学』誌に「レター」が掲載されたりした（黒川眞一「被曝防護には空間線量そのものを使うことが妥当である――信頼性なく被曝線量を過小評価する宮崎早野第1論文」『科学』二〇一九年三月号、黒川眞一・谷本溶「インテグリティの失われた被曝評価論文：宮崎早野第2論文批判」『科学』二〇一九年四月号など）。それらの論考で、黒川氏らは二つの宮崎・早野論文では、伊達市住民の被ばく線量が大きく過小評価されていることを明らかにした。黒川氏らの批判的検討によれば、ガラスバッジ計測によって住民の被ばく線量評価が下がったというようなことはなく、従来の空間線量に基づく推計を下回るようなことはないとされる。

黒川氏らの批判はこうした宮崎・早野論文の内容への批判にとどまるものではなく、研究に用いたデータに市民の個人情報が断りなく使われたことなど、研究倫理にもとる点がいくつもあることにも及んでいる。伊達市の政治的な意図にそって、住民の意思を確認することなく、これまでの除染の効果を印象づけ、これ以上の除染なく地域に居住できることを根拠づけようとしたものとも捉えられる。「人を対象とする医学系研究についての倫理指針」違反を多くの項目にわたって指摘したのである。

こうした批判を受け、早野氏は二〇一九年の一月八日に線量評価が三分の一に小さくなるよう過小評価があったことを認め謝罪する文書を出しはしたが、黒川氏らが指摘した多くの批判的論点に対する科学的な応答はしていない。宮崎氏の所属先である福島県立医大と早野氏の所属先である東京大学はそれぞれ倫理委員会で検討し、二〇一九年七月一九日に「研究倫理違反はなかった」との審査結果を発表した。この倫理審査の内容を受けて、早野氏はツイッターで一月八日の文書を撤回すると述べている。

一方、『放射線防護学』誌（*Journal of Radiological Protection*）は、倫理的に不適切なデータが使用されたとして、二〇二〇年七月二六日付で二つの論文の撤回を公表した。そして、その結果、この論文によって授与されていた宮崎氏の博士学位も取り消しとなった。

疑われる政治的な意図

この調査結果を受けて、倫理違反についての論文を黒川氏とともに執筆した伊達市民の島明美氏は「今回の論文は、伊達住民を置き去りにしたまま、きわめて不透明な経過を経て書かれた。伊達市前市長の要望による論文であったことや、市の文書に改ざんがあったことが明らかになるなど、政治的な背景があることが浮き彫りになっている」とし、「本調査の過程も結果も、非常に不透明かつ不誠実であったことを、非常に残念に思う」と伊達市民への説明を求めたという（OurPlanet-TV、二〇一九年七月一九日 http://www.ourplanet-tv.org/?q=node/2413）。

なお、この問題は伊達市行政が除染を限定的にしか行わないことを正当化するという政治的意図と結びついていたのではないかと疑われている。

東日本大震災後、伊達市は低線量放射線の評価と除染について、特殊な対応をとったことが知られている（黒川祥子『心の除染――原発推進派の実験都市・福島県伊達市』集英社文庫版、二〇二〇年、初刊、二〇一七年）。一つは、二〇一一年六月から一二年一二月にかけて「特定避難勧奨地点」というものを設けたこと。また、市域をA、B、Cの三つに分け、比較的線量が低いC地域については除染を行わないことにしたのだ。これによって国から交付された除染交付金を水面下で返還することができた。さらに大きな事柄は、六万人の市民に個人線量計（ガラスバッジ）を装着させたことで、その値が宮崎・早野論文に利用されたのだが、そもそもそこに政治的な意図があったことも疑われる。

二〇二〇年になって、宮崎・早野論文にはさらに重大な疑念が生じるに至った。『科学』三月号電子版に掲載された黒川眞一氏の論文「大規模被曝データ解析論文の新たな問題」によれば、およそ四年間の線量計測データに基づく分析のはずなのだが、そのうち一年分が実際には提供されていなかったらしいという。にもかかわらずその時期のデータも分析に組み入れられている。実際、その時期の図には、配布されたガラスバッジ数よりも多い分析数が示されているなど、極めて不自然な点が複数指摘されている。（昨年七月に福島医大と東大から発表された、伊達市民からの申立に対する調査結果は、多数の疑問点のうちのごくわずかしか取り上げておらず、またここで紹介した論点は新たなものである）。

この批判に対して正対した応答が著者からなされることを期待したい。だが、そもそも学術論文にこうした何重もの疑念が投げかけられることは異様である。伊達市出身のライター黒川祥子氏は、その背後に強く政治的意思が働いているのではないかと問いかけている。

大学では原子力工学を専攻し、事故後いち早く伊達市の放射線アドバイザーに就任し、さらに初代の原子力規制委員会委員長となった田中俊一氏が、当初から伊達市独自の除染ポリシー形成に携わった。その田中俊一氏の指導の下で、伊達市は市民の個人線量計装着を押し進めた。黒川祥子氏は伊達市に関わる三人の科学者が、六万人の個人線量計のビッグデータによって、被曝線量の国際基準を緩和する方向に動かそうとする、壮大なゴールを達成しようとしたのではないか、と述べている（OurPlanet-TV の報道によれば、早野氏は田中氏のために論文出版前に主要解析結果の説明資料を作成したことを認めている）。

宮崎・早野論文には一年半以上前から立ち入った批判がなされているのに著者からの学術的にかみあった応答がない。今後、早期に疑惑をはらす反論がなされるのかもしれない。そうあってほしい。そうでないとすれば、これは科学スキャンダルとしても際立ったものになる。政治的意思にそって科学を歪めて偽りのデータ処理を重ねるというようなことはあってはならないことだが、東大名誉教授や原子力規制委員会初代委員長がそれに関与していたということになれば、その社会的影響も大きい。事態の展開を見守りたい。

沈黙による拒否と学術的な問いかけの継続

この間、黒川眞一氏は早野氏らに学術的な問いかけを行ない、応答を求め続けている。しかし、これに対して、早野氏は沈黙を守り続けている。学術的な問いかけに対しては、同じく学術的な場で、また学術的な内容をもって応答するというのが、研究者のもっとも基本的な倫理的姿勢であろう。ところが、早野氏は一年半以上にわたってそれを拒み続けているのである。放射線健康影響をめぐって、福島原発事故以後に人々が科学者や専門家に抱いた不信感は、二〇二〇年四月の段階で収束へ向かっているとはとても言えない。むしろ、ますます深まっていると言わざるをえないだろう。

福島原発事故後、日本学術会議では放射線の健康影響について、対立する立場の研究者が同じ場で論じ合う機会がまったくもたれなかったわけではない。二〇一四年二月に日本学術会議と日本医師会の共催で公開シンポジウム「福島原発災害後の国民の健康支援のあり方について」(於日本医師会講堂)が行われた。そのあらましについては、拙著『原発と放射線被ばくの科学と倫理』(専修大学出版局、二〇一九年)の第一部第二章で紹介している。

また、日本学術会議の機関誌ともいうべき『学術の動向』では、何度か放射線の健康影響に関する特集がなされている。『学術の動向』二〇一四年一一月号では、「福島第一原発事故にともなう放射線健康不安と精神的影響の実態および地域住民への支援」と題された特集がなされ、異なる立場、異なる分野からのやりとりが何ほどかなされている。また、『学術の動向』二〇一七年四月号では、「福島原発災害後の環境と地域社会――放射線の影響に関する研究を中心に」と題された特集がなされ、ここではかなり広い範囲の異なる分野の研究者が論じ合っている。さらに、『学術の動向』二〇二〇年三月号でも「福島原発災害による放射線被ばくとその健康影響の評価をめぐって」が特集され、健康影響はない、あるいは乏しいという見解をめぐって、活発な議論が行われている。

このような方向で議論が継続され、開かれた学術的討議が深められていくとともに、多くの被災者や市民の疑問に応答していくことができるような方向での展開が望まれる。

第二章　放射線の安全性を証明しようとする科学

1．二〇ミリシーベルト基準をめぐる混乱と楽観論の専門家

東大小佐古教授の内閣官房参与辞任

二〇一一年四月一九日、文部科学省と厚生労働省は「避難区域等の外の地域の学校等の校舎・校庭等の利用判断に係る暫定的考え方」を通達した。これについては序章でも第一章でもふれてきたこの通達に対して許容される線量の上限が高すぎるとしてごうごうたる批判と疑問の声が寄せられたが、大きな影響力をもったのは内閣官房参与の任についていた東京大学教授の小佐古敏荘氏の辞任（四月三〇日）と辞意表明（四月二九日）の言葉だった。小佐古氏の言葉を今一度、まとめて引用する。

　今回、福島県の小学校等の校庭利用の線量基準が年間二〇ミリシーベルトの被曝を基礎として導出、誘導され、毎時三・八マイクロシーベルトと決定され、文部科学省から通達が出されている。これらの学校では、通常の授業を行おうとしているわけで、その状態は、通常の放射線防護基準に近いもの（年間一ミリシーベルト、特殊な例でも年間五ミリシーベルト）で運用すべきで、警戒期ではあるにしても、緊急時（二、三日あるいはせいぜい一、二週間くらい）に運用すべき数値をこの時期に使用するのは、全くの間違いであります。警戒期であることを周知の上、特別な措置をとれば、数カ月間は

最大、年間一〇ミリシーベルトの使用も不可能ではないが、通常は避けるべきと考えます。年間二〇ミリシーベルト近い被ばくをする人は、約八万四千人の原子力発電所の放射線業務従事者でも、極めて少ないのです。この数値を乳児、幼児、小学生に求めることは、学問上の見地からのみならず、私のヒューマニズムからしても受け入れがたいものです。年間一〇ミリシーベルトの数値も、ウラン鉱山の残土処分場の中の覆土上でも中々見ることのできない数値で（せいぜい年間数ミリシーベルトです）、この数値の使用は慎重であるべきであります。

この出来事に先だって、すでに政府や福島県の放射線健康影響対策への疑いを増幅するような事態が起こっていた。上記のように首相官邸・福島県の双方で重要な役割を担っている山下俊一氏の発言に対する疑問が市民の間に広がっていた。これについては序章であらましを述べた。

以後、放射性降下物による放射線健康影響は小さなものであるから防護対策は限定された地域に限定されたしかたで行えばよいという政府や福島県の立場をよしとする人々と、放射性降下物による放射線健康影響、とりわけ子どもに対する影響はよく分からないし大きいかもしれないのだからそれ相応の防護策をとるべきだと考える人々との間で激しい対立が続いた。

低線量被ばくのリスク管理に関するＷＧ報告書

しかし、政府や福島県は放射性物質による健康影響は小さいという前提に基づき、十分な防護対策をとってきていない。これは政府の放射性物質汚染対策顧問会議の下に設けられた「低線量被ばくのリスク管理に関するワーキンググループ」の報告書（二〇一一年一二月二二日）の以下のような叙述によって再確認できる。

国際的な合意では、放射線による発がんのリスクは、一〇〇ミリシーベルト以下の被ばく線量では、他の要因による発がんの影響によって隠れてしまうほど小さいため、放射線による発がんリスクの明らかな増加を証明することは難しいとされる。疫学調査以外の科学的手法でも、同様に発がんリスクの解明が試みられているが、現時点では人のリスクを明らかにするには至っていない。

福島県や他の線量が多い地域の住民は、起こりうる放射線被害そのものに苦しみ、日常生活上、多くの対策をとらなくてはならない上に、政府や県、市町村等の被災者対策の不十分さにより、いっそうの苦しみを背負うことになった。放射性物質の調査の少なさや偏り、移住や疎開に対する援助対策の弱さ、食品安全対策への不安、農作物・畜産物・水産物に対する基準のあやふやさ、除染に対する援助の少なさ、補償の少なさ、補償を求めるための行動の困難や煩雑さ、放射線リスク評価が人によって異なることによる不和・葛藤などが重なり、避難した人々も含め、地域住民の怒りと悲しみ、そしてストレスはきわめて深刻なものになった。

では、「放射能の人体への影響」について専門家が安全論、楽観論に偏った判断をしたのは、どうしてだろうか。私は原発事故後、日本の放射線の健康影響の専門家がどのような研究や考え方に基づいて安全論に傾いた発言を繰り返すようになったのかについて、資料を集め考察してきた。それによって分かってきたことは、一九八〇年代後半から日本の放射線影響学や保健物理の専門家が、低線量被ばくによる健康影響は小さく、かえって健康によい影響があるという方向での研究に力を入れてきたことである。

電中研、酒井一夫氏「どんなに微量であっても放射線は有害であるという誤解」

たとえば、電力中央研究所で低線量放射線の生物実験研究を行い、「線量・線量率マップ」を考案して低線量安全論に寄与したとして、その方面から高い評価を得ている酒井一夫氏は『電中研ニュース』四〇一号（二〇〇四年）で次のように述べている。

どんなに微量であっても放射線は有害であるという誤解が放射線・放射能に関する恐怖感の原因となっています。

微量の放射線についてこれまで断片的に報告されてきた事例を、統一的に取りまとめることができないかと考える中で、「線量・線量率マップ」に思い至りました。これによって放射線に関する社会の不安を軽減するとともに、低線量・低線量率放射線の有効利用につながる議論ができればと期待しています。

こうした研究は、現在、世界各国が放射線防護の共通基準を提示する唯一の機関とみなしている国際放射線防護委員会（ＩＣＲＰ）の防護基準を「厳しすぎる」として、その緩和を目指す立場につながっている。

ＩＣＲＰでは一〇〇ミリシーベルト以下の低線量でも致死的がん等の健康影響は小さくなりつつもあり続けるという「直線しきい値なし」モデル（ＬＮＴモデル）を掲げている。だが、原発の推進のためにはＬＮＴモデルによる厳しい防護基準を和らげる必要があると考える専門家もあり、ＬＮＴモデルに基づくＩＣＲＰ基準は厳しすぎると主張する。

電中研はこの「ＩＣＲＰ厳しすぎる」論を日本で、また世界で先導し、全国の大学と連携して低線量安全論の研究を推進してきた。他方、その後、酒井氏が電中研から移った放医研（放射線医学総合研究所）

でも、発がんメカニズムの研究という立場からＬＮＴモデルを再検討する研究が精力的に行われてきた。なお、放医研は放射線の影響や防護に関わる科学の中心的な機関である。

放医研、佐渡敏彦氏「事故時には……ＬＮＴモデルに固執することなく」

この研究を主導してきた佐渡敏彦氏は次のように述べている。

　このような立場に立つかぎり、それらの作用原の人体への影響に関して、「安全量」は存在しないことになる。そして、そのことが一般の人々に放射線や環境化学物質はどんなに微量であっても危険であるという過剰の不安を抱かせる原因にもなっており、そのような不安が過剰になると、それ自体が精神的ストレスになって新たな健康障害をつくり出す原因にもなりかねない。そういう意味で、ＬＮＴ仮説は単に放射線や環境化学物質に対する安全防護のためのガイドラインである以上のインパクトを社会に与えているように思われる。（佐渡敏彦・福島昭治・甲斐倫明編『放射線および環境化学物質による発がん――本当に微量でも危険なのか？』医療科学社、二〇〇五年、五ページ）

日本の放射線健康影響の専門家の多くがこのような考え方に立って研究を進め、低線量放射線被ばくの健康への悪影響はきわめて小さいと考えてきたことが分かる。

佐渡敏彦氏は福島原発事故後の二〇一二年、『放射線は本当に微量でも危険なのか？――直線しきい値なし（ＬＮＴ）仮説について考える』（医療科学社）という書物を刊行している。そこでは、第３章が「放射線発がんのメカニズムとＬＮＴモデル」と題されており、その６「まとめ」において、次のように述べている。

本章で紹介した知見は、ＬＮＴモデルの根拠とされている放射線のヒットによって誘発されるがん関連遺伝子の突然変異が放射線による発がんリスクの直線的増加の原因であるという考え方は、放射線によるがん発生のメカニズムに関する最近の知見とは必ずしも整合しないことを強く示唆している。しかし、それらの新しい知見を具体的に放射線防護の指針に反映させられるかというと、現状ではとても無理である。したがって、現段階では、放射線防護の指針としては従来の立場を保持しつつ、事故時における低線量域の発がんリスクを考える際には、ＬＮＴモデルに固執することなく、やや柔軟に対応するというのが現実的ではないかと思われる。（一七一ページ）

ＬＮＴモデルは維持せざるをえない、しかし、事故時にはそれには従わない対応を認めるという。なぜかというと、ＬＮＴモデルを再考すべき余地があるからだ、という論である。

ＩＣＲＰ基準は厳しすぎるという考え方

二〇一一年三月一一日以後の日本の専門家の低線量放射線被ばくへの防護対策が、地域住民の安全を守るという点からはきわめて危ういもので、住民の怒りを招いたのはこのような背景があると思われる。つまり、専門家たちはＩＣＲＰの基準に従うと言いながら、実際にはＩＣＲＰ基準は厳しすぎるという考え方の影響を強く受けているために、さまざまな施策の策定にあたって地域住民への配慮が薄いものにならざるをえなかったのである。

他方、政府（内閣や省庁）や地方自治体側は、長年、特定の専門家だけに重要な施策についての判断・策定を委ねるという態勢をとってきたので、この度も狭い範囲の専門家に施策の判断・策定を委ねざるをえなかった。とくに、原子力開発に関わる分野では、政府は多くの地域住民と対立しつつ、専門家の力で原発推進を進めてきた経緯があり、それは低線量放射線健康影響の分野にも及んでいた。原子力開発に関わって、政官財学報の各界の特定の勢力が深く関与し、「ムラ」とよばれるような特殊利害集団を形作り、巨費をかけて宣伝や抱き込みに努め、他方、外部への情報の隠蔽を行ってきたことが批判されてきた。多くの放射線の健康影響の専門家もその「ムラ」的な共同性の中に組み込まれていたのだ。

このような事態が起こったのは、原子力開発や放射線の健康影響という領域の特性が関わっている。原爆の開発の時から、この領域は秘密のベールに閉ざされていた。目的のためには人道的・倫理的とは言いかねる手段も正当化されることが多い軍事領域から発展してきたことがその一因だろう。「原子力の平和利用」と名づけられても、軍事との関連は残り、また巨大なリスクをはらむゆえの閉鎖性や情報隠蔽が伴った。対立する地域住民が不安をもつことを強く意識するがゆえに、リスク情報を推進側に都合よく選択、あるいは脚色しようとする誘惑がつきまとい、それを正当化する仕組みも育てられたのだ。

だが、大きなリスクをはらむ科学技術が開発側の利益に引きずられ、健康に深刻な影響が及び、生死に関わる影響を受けるかもしれない人々への配慮が薄くなる傾向は、医療や生命科学の多様な領域に関わっており、低線量放射線の健康影響にだけ限定されたことではないだろう。その意味で、原発災害によって生じたリスク評価をめぐる問題は、広く生命倫理・医療倫理に、また環境倫理や現代の科学技術の倫理に深く関わるものと言うべきだろう。原発災害のリスク評価の問題は、現代の社会の実践倫理・公共哲学のさまざまな問題におおいに関わるものなのだ。

2. 原発推進と低線量安全論の一体性

低線量放射線影響に関する公開シンポジウム――放射線と健康

一九九〇年代末から低線量被ばく安全論の運動が世界的に起こっており、日本の放射線影響学・防護学の多くの専門家はそれに積極的に関わってきた。彼らの考え方は、「低線量被ばくは健康に悪影響は少なく、むしろ善い影響が大きい。そしてICRPのLNT仮説は誤っており、低線量被ばくにはしきい値がある、つまりある程度以下では健康影響が出ない」とするものだ。

このような安全論の旗振り役の一つが日本の電力中央研究所（電中研）である。電中研では一九八〇年代から低線量の放射線被ばくはリスクがなく、むしろ健康によいということを示すための研究を進めてきた。これは『電中研レビュー』五三号（二〇〇六年三月）、『電中研ニュース』四〇一号（二〇〇四年九月）などに示されているとおりである。その研究動機等については後にふれるが、ここで重要なのは、それが世界的な低線量被ばく安全論運動の先駆けと理解されていたことである。

では、世界的な低線量被ばく安全論運動とはどのようなものか。これについては「放射線と健康を考える会」ホームページを見ることによって明らかになる。「放射線と健康を考える会」とは何か。そのホームページには次のように述べられている。

最近の生命科学の急速な進歩により、少しの放射線での危険は心配しなくてもよいことがかなりわかってきています。

平成一一年四月二一日に、東京の新宿京王プラザホテルで「低線量放射線影響に関する公開シンポジウム――放射線と健康」が開催されました。この公開シンポジウムでは、国際放射線防護委員会（ＩＣＲＰ）が採用している、人への放射線防護の観点からどんなに少ない放射線でもリスクがあるとする「しきい値なし直線仮説」には科学的根拠がなく、逆にしきい値があること、また、少しの放射線はホルミシス効果で健康に有益であることなどについて、国内外の著名な科学者一〇名による講演がありました。この種のシンポジウムとしては日本では初めてのもので、各方面の方々の関心が非常に高く、一般の方を含めて約九〇〇名の方々が参加されました。

本会は、多くの方々に放射線の影響と安全性について考えていただくために、必要な情報を継続して提供することを主な目的として、放射線生物分野の科学者を中心に構成された会です。

低線量被ばく安全論の世界的運動

この動きはアメリカでの動きと密接に関連していた。これについては、「放射線と健康を考える会」ホームページに掲載されている「米国で開催された低線量放射線の健康影響についてのシンポジウム――経緯と概要」を見ることでおおよそが分かる。このシンポジウムは二〇〇〇年一一月に行われた米国放射線・科学・健康協会（Radiation, Science, & Health, Inc.、略称ＲＳＨ）主催のもので“A Symposium: on the beneficial health effects of low-dose radiation; and on current and potential medical therapy applications”「低線量放射線の健康へのポジティブな影響、及びその現在の、また潜在的な医学的治療応用についてのシンポジウム」と題されている。この紹介記事の「補足」にあるようにＲＳＨは「ＬＮＴ（直線しきい値なし）仮説を支持しない科学的データの収集を行っており、“Low Level Radiation Health Effects: Compiling the Data”（Revision 3, March 30, 2000）としてまとめている」。

このシンポジウムの紹介のために、電中研低線量放射線研究センター副所長（当時）である石田健二氏が経緯を説明している文書を少し長いがそのまま引用する。

米国の Pete Domenici 上院議員（ニューメキシコ州選出、共和党）は、最近の低線量放射線の有益効果を示すデータに注目し、現在の放射線（放射能）防護の基準には科学的な根拠がなく、いたずらに厳しい安全管理がなされており、無駄に予算が費やされているのではないかとの疑問を持った。

このため、米国エネルギー省（Department of Energy、以下ＤＯＥ）に、一九九九年度から一〇年間にわたり高額の予算をつけて、細胞レベルにおける低線量放射線の生物効果を調べる研究を立ち上げると同時に、一九九九年の夏に、会計検査院（General Accounting Office、以下ＧＡＯ）に、現在の放射線防護基準が拠り所とする科学的な根拠（データ）についての調査を指示した。

ＧＡＯは、二〇〇〇年六月に Domenici 上院議員に報告書を提出し、その中で、放射線はゼロに近いレベルでも有害とする仮説の当否を論ずるに足るデータが未だ十分でないと述べると共に、放射線防護の実務において問題なのは、原子力規制委員会（Nuclear Regulatory Committee、以下ＮＲＣ）と環境庁（Environment Protection Agency、以下ＥＰＡ）が、それぞれ管理基準を異にしていることにあるとした。また、それぞれの基準で将来の高レベル廃棄物処分に係わる費用を算定し、どの程度、予算に違いが生じるか対比して示した。

このＧＡＯレポートを見て、Domenici 上院議員は、低線量放射線の有益な効果（ホルミシス効果）を含め、放射線の生物影響に関わる問題提起がなされておらず、規制に係わる組織のあり方に焦点がすり替えられていると不満を持った。

今回のシンポジウムは、Domenici 上院議員の秘書からＲＳＨへの依頼によって開催されたものであり、「行政関連セミナー」との色彩が強く、ＤＯＥ、ＮＲＣ、ＥＰＡのスタッフ、医学者、マスコミおよびＲＳＨ関係者など約六〇名の参加を得て、既に報告されている放射線ホルミシス研究の成果（(財)電力中央研究所が進めてきたプロジェクト研究の成果が多く引用されていた）を中心に紹介し、関係者の理解促進をはかる場であった。

アメリカの原子力ルネッサンスの動向

ここで言及されているピート・ドメニチ上院議員は日本に大きな期待をかけていた。二〇〇五年に刊行された同議員の著書の日本語版によせられた序文を見てみよう。なお、この『ブライター・トゥモロー――原子力新時代の幕明け』（ＥＲＣ出版、二〇〇五年、原著、二〇〇四年）の監訳者、藤家洋一氏は日本の原子力委員会の前委員長である。


日本は、エネルギー供給の及ぼす環境影響を低減化する上で、世界のリーダーであったことも高く評価するものです。さらに日本は、原子力が環境改善のため果たすべき基本的役割を認識してきました。日本の原子力に対する取り組みは、米国を含む多くの国々の学ぶべきモデルでもあります。

さて米国ではこの数ヶ月の間に米国原子力のルネッサンスへ向けて重要な進展がありました。いくつかの仕事の中で、シカゴ大学は原子力の経済性についての評価を支持し、マサチューセッツ工科大学が以前検討したことでもありますが、初号機の建設経験を経れば、他の基幹電源に比べて十分競合できる新しい原子力発電プラントを建設できることを示しています。

米国電力界は現在、米国原子力規制委員会に対して、新原子力プラント建設地点の取得のため早期立地許認可を得るよう奔走しています。また三グループの企業連合が設立され、さらに建設、運転許認可取得のため、米国エネルギー省の予算措置が行われました。新しい原子力発電所が建設される可能性は、私がこの本を書いていたときよりさらに高くなっています。（iii－ivページ）

こうしたアメリカの動向もにらみつつ、二〇〇二年には電力中央研究所低線量放射線研究センター（二〇〇七年より「放射線安全研究センター」）の主催で、東京・経団連ホールにおいて低線量放射線影響に関する国際シンポジウム「低線量生物影響研究と放射線防護の接点を求めて」が行われている。それに関する情報は、「放射線と健康を考える会」のホームページにも、電中研のホームページにも掲載されている。

国際シンポジウム「低線量生物影響研究と放射線防護の接点を求めて」

プログラムは以下のとおりである。

プログラム

講演1　Roger Cox（国際放射線防護委員会（ＩＣＲＰ）第一委員会委員長）「放射線防護における低線量放射線研究の位置付け――現状と将来――」

講演2　松原純子（原子力安全委員会委員長代理）「放射線防護における個体レベルの研究の重要性」

講演3　酒井一夫（(財）電力中央研究所低線量放射線研究センター上席研究員）「わが国における低線量研究の最近の成果」

講演4　野村大成（大阪大学大学院医学系研究科・放射線基礎医学講座教授）「放射線発がんにおける線量・線量率効果」

講演5　渡邉正己（長崎大学副学長・薬学部教授）「放射線発がんへの遺伝子の不安定性のかかわり

合い」

講演6　Ronald E.J. Mitchel（カナダ原子力公社チョークリバー研究所放射線生物学・保健物理学部門長）「低線量放射線に対するマウスの適応応答　放射線防護の中での位置づけ」

講演7　丹羽大貫（京都大学放射線生物研究センター長・教授）「放射線発がん機構の解明と放射線防護における意義」

総合討論

このシンポジウムの登壇者のうち、酒井一夫氏はその後、二〇〇六年に放射線医学総合研究所の放射線防護研究センターのセンター長になり、福島原発事故以後、政府の命によりさまざまな大役を果たしている。同氏は事故発生直後から置かれた首相官邸の原子力災害専門家グループ八名のうちの一人であり、二〇一一年八月に置かれた「放射性物質汚染対策顧問会議」の八名のメンバーのうちの一人であり、二〇一一年八月に置かれた「低線量被ばくのリスク管理に関するワーキンググループ」の九名のメンバーの一人である。

楽観論（低線量安全論）に傾く日本側科学者たち

また、丹羽太貫氏は「放射性物質汚染対策顧問会議」と「低線量被ばくのリスク管理に関するワーキンググループ」のメンバーである。さらに丹羽氏は二〇一二年二月現在、文部科学省の放射線審議会の会長を務めている。なお、酒井一夫氏はこの放射線審議会の委員でもある。この放射線審議会は、二〇一二年二月二日、厚労省の食品安全委員会に対して、放射線量に基づく規制をもっと緩めるように答申を行った。読売新聞は次のように伝えている。

食品中の放射性物質の新しい規制値案について、文部科学省の放射線審議会は二日、厚生労働省に答申する案を示した。

答申案では、肉や野菜など一般食品で一キロ・グラムあたり一〇〇ベクレルなどとする新規制値は、放射線障害防止の観点では「差し支えない」とする一方、実態よりも過大に汚染を想定していると指摘するなど、規制値算出のあり方を疑問視する異例の内容となった。

これまでの審議で委員は、最近の調査では食品のセシウム濃度は十分に低いと指摘。規制値案はそれを踏まえず、食品全体の五割を占める国産品が全て汚染されていると仮定。日本人の平均的な食生活で、より多く被曝することになるとして、各食品群に割り振った規制値を厳しくした。この点を審議会は「安全側に立ち過ぎた条件で規制値が導かれている」とした。(『読売新聞』二〇一二年二月三日朝刊)

また、内閣府原子力安全委員会委員長代理だった松原純子氏は「放射線防護の心――低線量放射線影響の実態と放射線管理とのギャップ」と題された文章で次のように述べている(http://homepage3.nifty.com/anshin-kagaku/sub060120hobutsu2001_matsubata.html)。

低線量の放射線影響に関する直線(LNT)仮説は国際的にも議論されているが、当面これを否定するべき強力な証拠はないということに繰り返し落ち着く。しかし、問題はそれを公衆や専門家や管理者がどう受け止め、また規制にどう使われているかである。永年、環境有害因子と生体との相互作用の実態を解明しようと努力してきた私は、放射線影響イコールICRPの勧告値ではなく、放射線影響イコール放射線によるDNA傷害でもなく、放射線（ひとつの環境要因）と人間（生き物）とのかかわり（相互作用）の実態を、公衆のみならず関係者にも知ってほしい、そして実態に基づく判断と実効性を念頭においた規制をと願ってきた。ここ一〇年来の放射線影響に関する新知見の蓄積を加味すれば、ＬＮＴ仮説に関しても専門家として議論すべき具体的課題が明示できるはずである。

一方、一昨年来、ＩＣＲＰのR. Clarke委員長の提言をきっかけとして、国内でも放射線防護の枠組みにかかわる論議が活発に行われている。放射線防護の分野ではいくつかのキーワード（用語）があるが、この際、それらについてより的確な共通理解を進めたい。今こそ、新しい時代の要求に合わせて、放射線防護の原則に立ち返って、その核心を議論する大変良いチャンスである。

この記事には公表日時が記されていないが、ＵＲＬの数字からも世界的な動きにふれて「一昨年来」とあるのを見ても、二〇〇一年頃のものと見てよいだろう。

ここに見られるように、酒井一夫氏、丹羽太貫氏、松原純子氏らはＩＣＲＰが採用してきたＬＮＴ仮説を超え、低線量被ばくについてしきい値ありとして安全であるとする方向での研究に積極的に関わってきた放射線影響学・防護学の有力な専門家である。こうした傾向をもった専門家ばかりに福島原発災害の低線量被ばく対策についての審議や助言を求めてよいものだろうか。

低線量安全論を後押しする諸組織

一九九九年四月二一日に、東京新宿の京王プラザホテルで開催された「低線量放射線影響に関する公開シンポジウム――放射線と健康」は低線量被ばくは安全でありむしろ健康に良いことを示そうとする意図のもとに行われ、放射線影響学・防護学をその方向に動かしていこうとする潮流を盛り上げるものだったことを示してきた。この会議の主催者は「低線量放射線影響に関する公開シンポジウム」実行委員会となっている。では、共催・後援・協賛団体はどうか。以下のとおりである。

共催　日本機械学会、米国機械学会、仏国原子力学会

後援　米国放射線・科学・健康協会、日本原子力学会、日本放射線影響学会、日本保健物理学会、原子力発電技術機構、電力中央研究所，日本電機工業会、放射線影響協会、日本原子力産業会議、原子力安全研究協会、日本原子力文化振興財団、体質研究会

協賛　電気事業連合会

この会議は国内の原子力関係の五団体、放射線・健康関係の四団体、電力・電気工業関係の四団体、それにアメリカ・フランスの関連領域の三団体が協力して行われていることが分かる。

低線量被ばくでは放射線の健康に対する悪影響は少なくむしろプラスの影響があるということを示そうとするシンポジウムに原子力推進の諸団体、電力関係の諸団体が応援し、放射線影響・防護学関係の専門家と彼らが中心メンバーである諸学会が会の企画・運営に関わっている様子がうかがえる。

一方、二〇〇二年に経団連ホールで行われた国際シンポジウム「低線量生物影響研究と放射線防護の接点を求めて」の主催者は電力中央研究所低線量放射線研究センターである。その内容要約が同センターのホームページに掲載されている。その末尾には次のように記されている。

昨年度のシンポジウムは、これからの放射線防護のあり方についての議論でしたが、本年度は放射線生物影響研究のデータがＩＣＲＰ勧告に反映されるためにはどのようにすればよいかという昨年度

の議論を一歩進め、生物影響研究成果を放射線防護基準に取り込むための溝を埋めるための一助となるようなシンポジウムにしたつもりです。当センターでは、今後もこのような低線量放射線の理解のための様々な活動を展開していきたいと考えています。

これはこのシンポジウムの背後に、低線量では健康影響が少ないので、ＩＣＲＰの防護基準を緩和したいという強い意欲があることを示すものである。続いて共催団体の名前が挙げられているが、それは日本放射線影響学会、日本保健物理学会、日本原子力学会保健物理・環境科学部会である。

3．電力中央研究所の低線量影響研究

電中研原子力技術研究所は何を研究してきたか？

では、このシンポジウムの主催者である電力中央研究所（電中研）とはどのような組織か。東京都の大手町と狛江市、千葉県我孫子市、神奈川県横須賀市、群馬県前橋市、栃木県那須塩原市に多くの施設をもち、二〇一一年度で三二二・七億円の予算、八四〇人の人員を擁する大組織である。九電力会社の利益から〇・二％を研究予算として得て運営してきたことから大きな研究機関となってきた。「次世代電力需給基盤の構築」、「設備運用・保全技術の高度化」、「リスクの最適マネジメントの確立」を三つの「研究の柱」とする機関だが、原子力関係は主要部局の一つである狛江市の原子力技術研究所で多くの研究がなされている。その中で放射線と健康に関わる研究は、長期にわたり低線量被ばくの生物影響についての研究にほぼしぼられている。

電中研の低線量被ばくの影響研究とはどのようなものか。『電中研ニュース』四〇一号(二〇〇四年九月)、『電中研レビュー』五三号（二〇〇六年三月）、『DEN-CHU-KEN TOPICS』八号（二〇一一年一〇月）によっておおよそ知ることができる。『DEN-CHU-KEN TOPICS』八号には、「電力中央研究所では、一九八〇年代後半から、低線量放射線の生物影響に関する研究に取り組んできました」とあり、『電中研レビュー』五三号には次のように記されている。

電力中央研究所では、低線量放射線の影響研究に取り組み始めた初期の段階から、外部研究機関との連携体制を取ってきた。一九九三年には、本格的なプロジェクト研究を開始し、共同研究のプロモートと研究のコーディネートを進める体制を確立した。（一三ページ）

同誌の「電中研『低線量放射線の生物影響研究』のあゆみ」と題された簡易年表（四ページ）を見ると、一九八五年には第一回ホルミシス国際会議がオークランドで、八六年には第二回ホルミシス国際会議がフランクフルトで行われており、それに合わせるように研究所内に八五年に低線量効果研究会が発足している。

マウスに低線量放射線を当てる研究

主な研究はマウスに低線量放射線を当ててその影響を調査するもので、その目的について、『電中研ニュース』四〇一号では次のように要約している。

短時間に多量の放射線を受けた場合に「がん」のリスクが高まることは、広島・長崎に投下された原子爆弾などを含め、過去の事例から、明らかになっています。

一方、放射線は、地球の誕生の時点から自然界に存在しています。その中で人類が生まれたことを考えると、日常受けている放射線の量は、生命の存続に悪い影響をもたらすとは考えられません。

しかしながら、微量放射線の生体への影響は、研究成果が少ないこともあり、放射線防護の立場では、〝しきい値なしの直線仮説〟（どんなに微量の放射線でも線量に比例してリスクが高まる）の考えが採用されています。

電力中央研究所では、微量の放射線が生体にどのような影響をもたらすかを明らかにするため、マウスを用いたさまざまな研究を行っています。

この研究の中で、受けた放射線の総量が同じでも、短時間で受けた場合と、長時間にわたってわずかずつ受けた場合の影響の違い（線量率効果）など、色々な条件での検討を行っています。

生体の機能と放射線の影響が明らかになれば、放射線被曝に対する不安を払拭でき、さらには放射線防護に対する基準の見直しにもつながるものと考えています。

つまりは、低線量被ばくが健康に害を及ぼすことはなく、むしろプラスの効果を及ぼすことを示し、LNTモデルを覆して放射線防護の基準をもっと緩やかにするための研究を進めようということだ。

どのような研究成果が挙げられたのか。『電中研ニュース』四〇一号では、「従来の直線仮説はリスクを過大評価」と題して次のようにまとめられている。

従来、総線量で評価してきた放射線被曝の考え方、そして、放射線はわずかでも生体に悪影響を及ぼすとの、放射線防護のための直線仮説は、必ずしも正しくないことがこれまでの研究結果から、明らかになりました。

低線量放射線は有害でなく有益

これはＩＣＲＰが採用しているＬＮＴモデルを正面から否定するものだ。続いて「ひとこと」と題して、原子力技術研究所低線量放射線研究センター上席研究員（一九九九年から二〇〇六年まで在籍）の酒井一夫氏が次のように述べている。

どんなに微量であっても放射線は有害であるという誤解が放射線・放射能に関する恐怖感の原因となっています。

微量の放射線についてこれまで断片的に報告されてきた事例を、統一的に取りまとめることができないかと考える中で、「線量・線量率マップ」に思い至りました。これによって放射線に関する社会の不安を軽減するとともに、低線量・低線量率放射線の有効利用につながる議論ができればと期待しています。

要するに酒井氏は、低線量放射線被ばくは危険がなく、むしろ健康にプラスの効果があることを示し、ＩＣＲＰの基準を緩和することを主目的とする研究を続け、電中研ではその研究の先頭に立ってきた人物なのである。

電中研時代の酒井一夫氏には稲恭宏氏との共著論文が多数ある。この稲恭宏氏は「低線量率放射線療法」を唱えており、福島原発事故後、「出荷制限されている野菜も付着した放射性物質を水で洗い落とせば食べても人体にはまったく影響がない」などと述べてきた人物だ。酒井氏と稲氏の共著論文の一つ「低線量率放射線による生体防御・免疫機構活性化」（『電力中央研究所報告』〔研究報告G０３００３〕二〇〇三年五月）を見ると、その結論は以下のようなものだ。

以上より、低線量率の放射線は、高線量率の放射線とは異なり、炎症や自己免疫疾患様の症状、変異型細胞の生成等の放射線による傷害を引き起こすことなく、生体の免疫能を活性化し、感染症やがん、自己免疫疾患等に対する防御状態を効率的に誘導し得ることが初めて示された。

酒井一夫氏は一貫してＩＣＲＰの防護基準を緩和すべきだという立場を後押しする研究を進めてきた人物である。世界の放射線影響学・防護学の専門家の中でこれは平均的な立場だろうか。後から述べるように、ＩＣＲＰに科学情報を提示する機関であるＵＮＳＣＥＡＲの立場から見ると一段と安全論に偏っており、ＩＣＲＰの中で安全論の極を代表するフランス科学アカデミーの立場に近い。この考えに基づく研究を進めてきた人物が、ＩＣＲＰの基準をできるだけ楽観的に解釈しようとする立場から防護のあり方について説明しようとしても、市民からいぶかられるのは当然だろう。

電力会社の電中研と国の放医研の連携

なお、この研究はマウスに放射線を当ててその生体機能を分析するものだが、内部被ばくについてはまったく考慮されていない。原爆症認定集団訴訟で酒井氏は重松逸造氏らとともに国側（被告）証人として意見書を出している。内部被ばくによる健康影響を認めないという立場によるものだが、酒井氏が支えようとする国側は敗訴し続けている。裁判所は内部被ばくを認めているからである。ところで、この研究成果の謝辞は電中研の名誉研究顧問である田ノ岡宏氏（元国立がんセンター研究所放射線研究部長）と放射線医学総合研究所の名誉研究員である佐渡敏彦氏に捧げられているが、電中研の研究が放医研等より国に近い機関と連携するものであることを示唆するものだろう。

その後、酒井一夫氏は二〇〇六年四月から放射線医学総合研究所の放射線防護研究センターのセンター長に赴任している。二〇一一年三月一一日の福島原発事故災害が起こると、酒井氏は政府の、あるいは政府の周辺のきわめて多くの審議会等に名前を連ねるようになった。単に学会の役職というのではなく、政治的な機能が大きいもので、私の目についた範囲のものを以下にあげておく。

文部科学省放射線審議会委員
原子力安全委員会専門委員
日本保健物理学会国際対応委員会（旧ＩＣＲＰ等対応委員会）委員長
ＩＣＲＰ第５専門委員会委員
首相官邸原子力災害専門家グループメンバー
内閣官房低線量被ばくのリスク管理に関するワーキンググループメンバー
原子力安全委員会放射線防護専門部会ＵＮＳＣＥＡＲ原子力事故報告書国内対応検討ワーキンググループメンバー
日本学術会議放射線の健康への影響と防護分科会委員

そもそもこれほどたくさんの委員が務まるものかどうか。私ならもちろん音を上げてしまう。「すごい体力・能力ですね、まことにご苦労様」と皮肉を込めて言いたいところだ。だが、国としてこのように一人の人物が大きな力を行使するような事態が妥当であるかどうか。他に人材がいないのだろうか。国民の生活に関わる多くの事柄をこの一個人に委ねるべき、それほどの見識ある科学者として評価されているのか。大いに疑問がわく。

電中研の放射線ホルミシス効果研究

だが、電中研の「低線量被曝は安全でありむしろ健康に良い」ことを示そうとする研究は酒井氏が始めたものではなく、彼以前にそれを推進してきた科学者たちがいた。その一人に石田健二氏がいる。二〇〇〇年代の電中研はこの分野の研究を石田健二放射線安全研究センター長、酒井一夫副センター長という体制で進めていこうとしていた。

石田健二氏は名古屋大学原子核工学専攻を一九七一年に卒業後、電中研に入所。二〇〇〇年、低線量放射線研究センター長、二〇〇七年、放射線安全研究センター長を経て現在は顧問となっている。石田氏が放射線ホルミシス研究に深く関わっていく経緯は、『日経サイエンス』二〇〇八年六月号（四月二五日発行）の「低線量放射線研究のパイオニアとして科学的知見を蓄積」（夢を技術《カタチ》に――CRIEPI SPIRIT）という記事を見るとおおよそが分かる。その書き出しは以下のようだ。

「高線量の放射線は生物に害を及ぼすが、ごく微量ならば生命活動を活性化する」――一九八二年アメリカのラッキー博士は、毒物も少量であれば体に有益とするホルミシス（ギリシア語で「刺激する」）効果が放射線にもあてはまることを発表した。

電中研ではこの研究に注目し、一九八八年わずか三人で低線量放射線の研究を開始。早くも一九九〇年には、動物実験によって、低線量放射線照射が、免疫機能の亢進、老化を促す活性酵素を消去する酵素（Super Oxide Dismutase:SOD）の増加という、二つのホルミシス効果をもたらすことを突き止めた。

電中研では得られた成果の上に、医学研究者などを交えた研究で奥行きを持たせたいと思い、国内の研究機関に〝オールジャパン〟による連携を呼びかけた。一九九三年には、京都大学、東京大学など一四機関の参加を得て、老化抑制効果、がん抑制効果、生体防御機構の活性化、遺伝子損傷修復機構の活性化、原爆被災地の疫学調査などについて共同研究プロジェクトが開始された。現在は放射線安全研究センター所長である石田健二氏は、「放射線は悪いことばかりで、今さら研究すべきことはないと言われていた時代に、電中研が刺激を与えたことで日本の低線量研究が活性化した」と振り返る。

大学と医学者への働きかけ

なお、放射線影響・防護研究は医学者に人気がある領域ではない。核や放射線に関わる医学会はいくつもあるが、原爆・原発等による放射線被ばくや防護に関わる研究領域は小さい（放射線医学の教科書を見ればそのことはすぐ分かる）。この研究領域は生物学者、化学者、物理学者、工学者らが「保健物理」といった科学分野を作って結集しているが、医学者はあまり含まれていない。社会的に力をもつには医学者をも巻き込むことが必要なのだ。一方、医学者は研究費を外部資金に依存する傾向を強めてきた。

実際、電中研は医学者を巻き込むべく、この分野で全国の大学と共同研究を組織している。『電中研レビュー』第五三号（二〇〇六年）には連携パートナーとして以下の諸研究機関のリストが示されている（一三一一四ページ）。東大、京大、東北大、名大、大阪府立大、長崎大、岡山大、奈良県立医大、大阪市立大、愛媛大、京都教育大、横浜市立大、東京歯科大、東邦大、産業医大などだが、医学系がおおかたを占めている。

そして目指すのは、ＩＣＲＰに働きかけて放射線防護基準を緩めることだ。この記事のリード文は以下のとおりだ。

電中研は、日本における低線量放射線研究のパイオニアとして、一九八〇年代末から、放射線が生体へ与える影響の検証に取り組んでいる。二〇〇〇年には理事長直轄の組織として狛江に低線量放射線研究センターを立ち上げ、国内の学術機関とも連携しつつ、主に生物影響について科学的根拠を求めるための研究に本格的に着手。二〇〇七年には工学系の研究者も加わって、放射線安全研究センターへと発展させ、生物影響についての研究成果を基に、より合理的な放射線防護体系の構築を目指した挑戦が続けられている。

「より合理的な放射線防護体系」とはより緩やかな防護基準により、原発の安全のためにかける費用が引き下げられるので「合理的」という意味である。二つの研究領域がある。一つはヒト研究で、世界各地の自然放射線が高い地域のデータから悪い影響は出ていないことを示すことだ。

自然放射線レベルが世界平均の三倍以上という中国南部の揚江市の住民約九万人の疫学調査から、対照群との間にがん死亡の有意な増加はないこと、被ばく線量に依存して染色体異常の増加は見られたが、増加したのは不安定染色体異常であり、細胞は分裂前に死に至るため悪性疾患の増加には結びつかない、といった結果を得ている。（同前）

この種の「研究成果」が、原発のコスト低減に役立つはずのものとして盛んに喧伝されてきたことは言うまでもない。

低線量率でよい効果があることを示す動物実験

記事の紹介を続ける。ヒト研究と並ぶもう一つの領域は動物実験だ。

一九九九年には日本では初めてという、低線量Ｘ線を長期照射する本格的な設備が設置された。発がん物質を投与後、非照射の対照群では二〇〇日を過ぎると約九〇％に発がんが見られたが、連日一・二ミリグレイ／時を照射した群では、発がんは有意に低下していた。また、トータルな線量は同じでも、極低線量を長期に照射した場合には、発がんが抑制されるとのデータも得られ、ヒトでの調査結果を裏付けるものとなった。

また、糖尿病や重症自己免疫疾患をもつマウスへの照射実験でも寿命の延伸等のポジティブな効果が観察されたという。こうした研究成果は世界の放射線防護基準の再考に役立つものだと石田氏は言う。

石田氏は、「線量率が低ければ生体に影響がないと解明できれば、より合理的な放射線管理につながられる」と述べる。電中研の成果は論文としてまとめられ国際放射線防護委員会（ＩＣＲＰ）や原子放射線に関する国連科学委員会（ＵＮＳＣＥＡＲ）が防護基準を改定する際の基礎データとして反映することも視野に入れている。「ヨーロッパ主導で過剰な防護基準に改定しようとの動きがあるが、それには科学的な根拠はないことを、将来的にはアジア諸国と連合していきたい」と意欲的だ。

以上が『日経サイエンス』二〇〇八年六月号に掲載された、石田氏へのインタビューに基づく記事の概要だ。石田氏の研究目標を確認する傍証として、同氏の日本技術士会二〇〇八年七月例会レジュメも参照しておこう。

放射線は、微量でも人体に悪いというのが定説だが、生物には放射線の悪い影響を緩和する生体防御機能が備えられている。一〇〇～二〇〇ミリシーベルトの低線量放射線領域においては、講演者が知る限り、身体的な障害を示す事例の報告は見当たらない。それよりも、逆に、生理的に有益な効果（ホルミシス効果と呼ばれる）を生じる場合がある。本講演では、①発がん抑制、②老化抑制、③生体防御機構活性に注目してヒト、動物、および細胞・分子のそれぞれのレベルでこれまでに得られた研究の成果を紹介し、放射線の影響は量によってちがうことを主張する。

以上、主として電力会社が出資する電力中央研究所（電中研）が主軸となり、一九八〇年代末からアメリカの動向などもにらみつつ、低線量放射線の健康への悪影響は少なく、むしろ良い影響が大きいということを示そうとする研究が精力的に行われてきたことを見てきた。この動きを代表する二〇〇〇年代の研究者は、電中研の石田健二放射線安全研究センター長、酒井一夫副センター長だった。

4．放医研周辺の放射線発がん機構研究

放医研やその他の機関の医学者たち

では、主に理学部、工学部の出身者が構成する保健物理とよばれる分野の学者たちのこうした努力と、医学者が多いの放射線医学総合研究所（放医研）の研究動向とはどう関わりあうのだろうか。

酒井一夫氏が電中研から放医研に移り、放射線防護研究センター長となったことからも知れるように密接な関係がある。放医研にも「ＩＣＲＰ厳しすぎる」説を積極的に説き、それを裏付けるための研究に力を入れてきた研究者群がいる。その多くは、保健物理の専門家で生物学的な研究を行ってきた人々である。一九六九年から九三年まで放医研に在籍した佐渡敏彦氏や、一九八九年から放医研に在籍する島田義也氏が、その中でも外部に向けて発言する声の大きな人たちである。この両氏の研究分野や発言内容についてこの節の途中から述べていくつもりだ。

では、放医研のその他の専門家、とりわけ医学者はどうか。たとえば、二〇一一年現在の放医研理事長、米倉義晴氏はどうか。福島原発事故以降、低線量被ばく問題について政府周辺で度々発言している米倉氏だが、この分野は同氏の研究領域ではない。同氏は放射線画像診断の専門家で、医療被ばくには大いに関心を抱いていたはずだが、原爆や原発に関わる放射線被ばくについては放医研理事に就任する前後から関心をもたざるをえなくなったと考えられる。そしてそこには、原子力関係者や電力会社の関与があったことが明らかにされている。

『サンデー毎日』二〇一一年一二月二六日号によれば、米倉氏は一九九五年に京都大学から福井医科大（現

福井大）に移り、同大高エネルギー医学研究センター長として、放射線画像診断装置ＰＥＴによる研究に尽力した。そうした経緯から二〇〇四年四月には「関西ＰＥＴ研究会」が大阪市で開かれ、医師、技師ら約一五〇人が集まっている。主催は関電病院であり、講演者として阪大教授のほか、関電とその子会社の担当者が登壇した。薬品会社がスポンサーとなっている医学系の研究会と同様のやり方だ。この会は二〇〇五年まで五回の会合を開いている。米倉氏が放医研理事長となるのは二〇〇六年である。

『サンデー毎日』二〇一一年二月二六日号は、福井医大（福井大）在任中に米倉氏は若狭湾エネルギー研究センターとも共同研究を行っていたことを報じている。「米倉氏が指摘するように、同センターの理事一五人には、日本原子力発電の関連会社『原電事業』社長、日本原子力研究開発機構理事、元経産相中部経済局部長、北陸電力役員らが名を連ね、事務を取り仕切るのは、原発施策を強力に推し進めた県の元原子力安全対策課長」だという。

ＬＮＴモデルの否定を示唆する放医研理事長

以上のような経緯が放医研理事長就任以後の米倉氏の言動とどう関わっているかはよく分からない。しかし、二〇一一年八月三日の第一七七回国会の文部科学委員会で米倉氏が参考人として述べた見解は大いに注目すべきものだ。

そこで米倉氏はＩＣＲＰが是としているＬＮＴモデルにふれている。氏は「一般に、一〇〇ミリシーベルト以上の線量では、線量に比例してがんのリスクが増加するというふうに考えられています。ところが、一〇〇ミリシーベルト以下の低い線量では、この関係は明らかではありません。そこで、閾値なし直線モデルという考え方が提唱されました」とした上で、次のように述べている。

現在の放射線影響に関する国民の方々の漠然とした不安は、この直線モデルの立場に立って、どんなに低い放射線の被曝を受けてもがんなどの生物影響のリスクがあるという立場の情報と、低線量領域での一定水準での生体防御機能を認める立場からの情報が入り乱れて社会に発信されていることから来ているというふうに考えております。

それでは、この低い線量領域における生物影響の有無とそのメカニズムをどうすればいいのかということが大事な問題ですが、残念ながら、先ほども言いましたように、このメカニズムはまだ解明されていないということで、私ども放医研が継続的に取り組むべき難しい課題の一つだと認識しています。

実際に、チェルノブイリ事故の際に、非常に低い線量まで考えて予測された膨大ながん死亡率というのがマスコミ等に出ました。ところが、現実にはこれが観察されていないということは、直線モデルが必ずしも実際の健康影響を反映するものではないということを示す状況証拠の一つでもあるかなとも考えられます。

チェルノブイリでがん死亡増加が観察されていないというがこれは異論も多い。そのあたりは省いて、要するに、ＩＣＲＰが掲げているＬＮＴ（直線しきい値なし）モデルを否定する方向の安全論を示唆しているのだ。「メカニズム」云々は佐渡敏彦氏や島田義也氏の研究領域に関わる。放医研の発がん研究分野の研究者たちだ。

発がんメカニズム研究からのＬＮＴモデル見直し論

実は放医研でも、低線量被ばくによる放射線の影響に注目し、ＬＮＴモデルを克服することを目指した研究を進めてきた人々がいる。そのあたりの事情は、佐渡敏彦・福島昭治・甲斐倫明編『放射線および環境化学物質による発がん――本当に微量でも危険なのか？』（医療科学社、二〇〇五年）を参照することで見えてくるものが多い。

編者三人の筆頭であり、巻末の「執筆者プロフィール」でも最初に名前が出ている佐渡敏彦氏は九州大大学院農学研究科を出て、アメリカのエネルギー省に所属し原子力研究の中心的施設の一つであるオークリッジ国立研究所で学び、放射線医学総合研究所、大分県立看護科大学などで研究を進めてきた人物だ。放医研には一九六九年から九三年まで在籍し、後、名誉研究員となっている。プロフィールには「最近は、放射線発がんのリスク評価の基礎となる線量反応の生物学的意味について考え続けている」とある。

このテーマに近い研究をしている研究者で、本書の中でも佐渡氏と共著の章が多いのは島田義也氏と大津山彰氏である。佐渡氏を引き継いで放医研でこの分野の研究を進めてきた島田義也氏については後で述べるとして、ここでは大津山彰氏のプロフィールを紹介する。一九八三年、酪農学園大学獣医学の大学院を終了、二〇〇五年現在、産業医科大学放射線衛生学講座の助教授。「国立がんセンター研究所放射線研究部で、放射線誘発マウス皮膚がんのしきい値様線量存在の研究に従事。現在は、p53遺伝子の放射線発がん抑制作用や放射線誘発突然変異の機能細胞における経時的動態について調べている」（同書、二六九ページ）。発がん、また発がんを抑える機構（メカニズム）の研究を通して低線量の放射線の健康影響にしきい値があるということを示すことをねらった研究だ。

発がん機構の研究を通してＬＮＴモデルを見直すという研究を進めてきた研究者には、上記三者の他に『放射線および環境化学物質による発がん――本当に微量でも危険なのか？』の共著者では渡邉正己氏（京大原子炉実験所教授）、この本に「推薦のことば」を寄せている菅原努氏（京都大学名誉教授、二〇一〇年死亡、公益財団法人体質研究会元理事長）、田ノ岡宏氏（元国立がんセンター研究所放射線研究部長）

らがいる。菅原氏以外の研究者は医学畑ではない。放射線生物学の研究者で放射線の健康影響を「恐がりすぎない」ようにするための研究を進め社会的発言を続けてきた人々である。

低線量被曝は安全とする研究を進めてきた科学者たち

佐渡敏彦氏について述べる前に、菅原氏、田ノ岡氏、渡邉氏の低線量放射線の生物影響への関与について瞥見しておきたい。まず、菅原努氏が理事長を務めた公益財団法人体質研究会のホームページを見ると、トップに「高自然放射線地域住民の疫学調査研究」が掲げられ、以下のような記述がある。

放射線はどんな微量でも人体に悪影響を与えるのでしょうか？　放射線の健康への影響については、従来、原爆被曝の例がその基礎にされていましたが、それが一回の急性照射であることから、日常的に放射線被曝を受けている人々に関する疫学調査が重視されるようになってきました。
本財団では、中国、インドなどの自然放射線の高い地域に何世代にもわたって住み続けている人々を対象に疫学調査を行なっています。

これは電中研の放射線分野の二大研究プロジェクトの一つと一致する。続いて「放射線のリスク評価に関する調査」「放射線照射利用の促進」が挙げられている。

田ノ岡宏氏は「最近の放射線生物影響研究から」（『保健物理』三二巻一号、一九九七年）という論文の中で、「ラジウム内部被ばくによる骨肉腫の発生率には集積線量一〇グレイ〔ガンマ線量なら等価線量一〇シーベルト――島薗注〕でシャープな閾値が存在することは旧知の事実である。要するに、低線量連続被ばくの場合は、人体はこの程度の線量まで耐えることができ」ると述べている。美浜原発のＪＯＣ

説明会（二〇〇〇年四月九日）で、「自分は三〇ミリシーベルトこれまで被曝している。あなたたちの中で最高でも二一ミリシーベルトでしょう。大したことはない。あなたたちへの体の影響は絶対ない。以上の説明で納得されない方は、今ここで血液を調べてあげます。それでも納得しないなら、墓石を削って分析してあげます」と述べたと伝えられている（http://www.jca.apc.org/mihama/News/news57_bougen.htm）。

渡邉正己氏は『電中研レビュー』五三号（二〇〇六年）「低線量放射線生体影響の評価」に「巻頭言」「低線量放射線生体影響研究に懸ける夢」を寄せている権威者で、二〇一一年秋に設けられた原子力安全委員会ＵＮＳＣＥＡＲ原子力事故報告書国内対応検討ＷＧの外部協力者でもある。その渡邉氏は財団法人電子科学研究所から出ている『ESI-NEWS』二五巻五号、二〇〇七年）で次のように述べている。

高線量放射線を受けバランスが大きく崩れると生命に危険が及ぶようになる。この状態になると救命的な様々な損傷修復機構……が活性化される。放射線ストレスの場合、数一〇〇ミリシーベルト程度の線量がその境目ではないだろうか？　この予想が正しければ、一〇〇ミリシーベルト以下の放射線量で誘導される酸化ラジカルは、内的ストレスによるラジカルと区別されることなく通常の生体生理活動で処理される。これを「生物学的閾値」と捉えることはできないだろうか？　少なくとも低線量放射線の発がんのリスクをＤＮＡ標的説に基盤を置く「閾値なし直線仮説」で評価することはできないとするのが妥当ではないか？

『放射線および環境化学物質による発がん――本当に微量でも危険なのか？』

さて、では放医研での放射線発がん機構研究を先導してきた佐渡敏彦氏自身は、ＬＮＴモデルについて、またＬＮＴモデルと深い関係があるとされる放射線発がん機構の解明についてどのようなことを述べているのだろうか。

『放射線および環境化学物質による発がん――本当に微量でも危険なのか？』の「はじめに」は三人の編者の連名によるものだが、内容的に見てこれは佐渡氏の筆になるものと見てよいと思う（本書で医学畑を代表する福島昭治氏の立場が異なることについては第８節参照）。そこでは、ＬＮＴ仮説と「しきい値」問題について長々と述べられている。

> ＵＮＳＣＥＡＲやＩＣＲＰは確率論的な影響に関しては、「しきい値」となるような線量は存在しないという立場をとっている。このような立場に立てば、放射線はどんなに微量であっても、集団全体として見れば被ばく線量に比例してがんの発生リスクが増大するということになる。この仮説が正しいかどうかについては、これまで数十年間にわたって専門家の間でさまざまな議論がなされてきたが、いまだに決着をみていない厄介な問題である。
>
> しかし、原爆被爆者の疫学調査からは「この仮説は排除できない」し、発がんと遺伝子の異常の関係、被ばく線量と遺伝子異常の直線的比例関係も生物実験で「繰り返し立証されている」。そこでＬＮＴ仮説が妥当ということになっている。

そういう意味で、ＬＮＴ仮説は、放射線の防護基準を決めるための理論的根拠を提供するうえで、最も「実用的な」仮説であるといえる。しかし、それは決してこの仮説が正しいことを意味するものではない。

これは環境化学物質の発がんリスク評価についても言える。

このような立場に立つかぎり、それらの作用原の人体への影響に関して、「安全量」は存在しないことになる。そして、そのことが一般の人々に放射線や環境化学物質はどんなに微量であっても危険であるという過剰の不安を抱かせる原因にもなっており、そのような不安が過剰になると、それ自体が精神的ストレスとなって新たな健康障害をつくり出す原因にもなりかねない。そういう意味で、LNT仮説は単に放射線や環境化学物質に対する安全防護のためのガイドラインである以上のインパクトを社会に与えているように思われる。（四-五ページ、本書一〇三ページでも引用）

最後にこの共同研究の経緯について述べられている。

本書の共同執筆者の多くは……ごく低レベルの放射線被ばくによる人の発がんリスクをどのように考えるのがいいのかを独自の立場から検討するためのグループを、一九九四年に財団法人原子力安全研究協会の協力を得て発足させた。このグループには、環境化学物質による発がんリスクの専門家にも加わっていただき、年に二回程度の会合を持ちながら「放射線発がんに関するしきい値」問題を検討する作業を続けた。

LNTモデルを覆そうという強い意志

同書第一〇章は「〈総合討論〉発がんリスクをめぐる諸問題」と題され、執筆者一同による討議が収録されている。そこで、佐渡氏は「現段階では、原爆被爆者の調査疫学データに基づくLNT仮説を採用する以外に現実的な方法はないだろう」（二五二―二五四ページ）と認めはするが、何とかそれを覆すのだという意欲を強く示して討議をしめくくっている。

これまでの議論で、LNT仮説はあくまでも放射線あるいは環境化学物質に対する基準の策定に必要な防護の具体的数値を算出するための仮説として提出されたもので、メカニズムの面からは必ずしも支持されるわけではないことについては皆さんの合意が得られたと思います。（二五四ページ）

とにかく防護基準を緩めたいという人々から支持されるような方向で研究を進めていこうという意欲がひしひしと感じ取れる。放医研の放射線発がん研究グループが、何とか「しきい値あり」説を強化し、原発推進のための「原子力安全研究」に貢献するためのプロジェクトに取り組んできたことが明かだろう。研究内容がそれを達成できているとはとても思えないのだが、たくさんの生物発がん研究の専門家がこれに関わってきたことは確かであり、それは原発推進勢力をバックとしていることも疑えないところである。

佐渡氏の考え方を確認するために、「平成一五年度緊急被ばく医療全国拡大フォーラム」（二〇〇三年八月二三日、仙台市戦災復興記念館）での佐渡氏の「発がんメカニズム」と題する講演の内容も見ておこう（「緊急被ばく医療研修のホームページ」より）。

突然変異の頻度が線量とともに直線的に増加することは確かで、これはどのような実験系でも確認されています。しかし放射線発がんの場合には突然変異だけでなく、細胞死とそれに続く組織再生の過程が深く関わっていると私は考えております。したがって、この部分の線量反応は決して直線にはならず、多分線形二次曲線、あるいはごく低レベルの線領域にしきい値があるような形になるのではないかというのが現在の私の考えであります。

5．強化される原発推進体制の中で

放医研の放射線による発がん機構の研究の系譜

この佐渡敏彦氏を引き継いで放医研の放射線による生物発がんの研究を行い、同氏との共著論文が多く、しきい値問題に強い関心を示してきたのが、島田義也氏（放射線医学総合研究所発達期被ばく影響研究グループグループリーダー）である。島田義也氏は一九五七年生まれ、八四年に東大理学部博士課程を修了、八八年から放射線医学総合研究所（放医研）の研究員となり、現在は発達期被ばく影響研究グループリーダーである。専門は佐渡敏彦氏や渡辺正己氏と同様、放射線発がんの研究である。

島田氏は、文科省の「平成二一年度原子力基礎基盤戦略研究イニシアティブ」審査委員会の三五人の委員のうち、酒井一夫氏とともに放医研から出ている二人の委員のうちの一人であり、放医研の非医学畑の放射線健康影響研究者の中心的存在の一人である。同氏は低線量被ばくのリスク管理に関するワーキンググループの第三回会合（二〇一一年一一月一八日）でも「子どもや妊婦に対しての配慮」に関する報告を行っている。

島田義也氏は佐渡敏彦氏の退任の四年ほど前から放医研に所属。同氏との共著が多い。事故後、「がんの罹患率など、将来的な影響についても、一〇万マイクロシーベルトの被ばく量では医学的に意味のある違いは見られないと説明」、「がんの危険性は、一〇万マイクロシーベルトの被ばくより、たばこの方が高いと指摘」（『公明新聞』二〇一一年三月一九日）などの発言で注目された。

放射線による突然変異は発がん要因として小さいとの主張

では、島田義也氏は学術的な著述ではどのようなことを述べているか。佐渡氏他編『放射線および環境化学物質による発がん――本当に微量でも危険なのか？』、第5章「放射線および化学物質の生物作用」では、同氏はW・L・ラッセルらによる動物の生殖細胞の突然変異についての大規模な実験を紹介している。そして、(1)「雄マウスの精原細胞の突然変異率は、高線量率（七二～九〇センチグレイ／分）でも低線量率（〇・八センチグレイ／分～〇・〇〇〇七センチグレイ／分）でも、線量とともに直線的に増加する」ことを確認している（なお一センチグレイは一〇ミリグレイ／分）。また、(2)「この実験（特定座位法）で……明らかになった最も重要なことは、低線量率（〇・〇〇〇一センチグレイ／分）の照射では放射線によって誘発される単位線量あたりの突然変異率が、高線量率（八〇～九〇センチグレイ／分）の照射の場合の約四分の一に減少するという「線量率効果」の発見であった」と述べている（一四〇―一四一ページ）。

ラッセルの研究の(1)の内容はLNTモデルを支持する過去の生物実験研究のもっとも有力なものとされているが、(2)の内容は、ラッセルらの研究のうち、LNTモデルを批判する立場から何とか拡充していきたい成果として叙述され、その意義が大いに強調されている。

一方、同書第7章「発がんと自然突然変異」では、論理の飛躍を覚悟の上だろうが、自説の楽観論を大胆に述べている。（一八五―一八六ページ）

これ（自然発生［内因性］のDNA損傷の量）は……（自然環境）はバックグラウンドレベルの放

射線によって生じるDNA損傷の量と比べて二億倍……も大きい値である。また、DNAの二重鎖切断だけに注目すると、一〇〇〇倍の違いがあると計算されている。（中略）

第五章で、生殖細胞における自然発生突然変異率を二倍にするのに必要な倍加線量は約一グレイであることを述べた。いま仮に、この数値をがんの原因となる体細胞での突然変異に適用すれば、生体内では自然に一グレイ被ばくに相当するほどの突然変異が発生しているということになる。一グレイは自然環境における年間被ばく線量あるいはICRP勧告にある一般公衆の年間被ばく線量の上限値の一〇〇〇倍であることを考慮すると、自然突然変異の発生における複製エラーや活性酸素など内因性の原因の寄与がいかに大きいかが理解できるであろう。

そして、内因性の原因の寄与が多いので、放射線による突然変異は発がんの大きな影響要因ではないということを強調している。

それらのDNA損傷の約九九・九％はDNA修復機構によって修復されると考えられるが、それでもなお一ミリグレイ／年の二〇万倍のDNA損傷が残るという計算になる。これらの数値を見ると、現在の放射線防護基準は、生物学の視点からはかなり低いレベルに設定されているように思われる。

これはICRP基準緩和の意図を含んだ主張である。

したがって、過剰の放射線や化学物質への曝露はできるだけ避けなければならないのは当然であるが、万一の事故により、年間許容量を何倍か凌駕する程度の放射線や化学物質への曝露があった場合でも、

そのことによる発がんリスクの増加を過剰に心配する必要はまったくないといってよい。（一八八ページ）

ICRP防護基準緩和を目指した研究経歴の上で

これは、福島原発事故を予感していたかの如くだが、おそらく東海村JCO臨界事故（一九九九年）の経験を踏まえている。いずれにしろ、福島原発事故後の発言は強い信念に基づいたものであることが分かる。だがその推論は、ICRP基準緩和を志向したもので、自らの研究による根拠としては、DNA修復機構が働くからDNA損傷を恐れる必要はないという大雑把な議論にすぎない。

島田氏はまた、放射線の健康影響を論じる際にも、日常の生活慣習が発がんに及ぼす影響が大きいので、そちらのほうから努力することに注意を向けるべきだと述べることが多い。二〇〇三年三月一四日に原子力安全委員会の主催で行われた討論会「私たちの健康と放射線被ばく――低線量の放射線影響を考える」（於全国町村会館）の「講演要旨集」では次のように述べている。島田氏の研究関心や安全論発言の背景がうかがわれるので、少し長くなるが引用する。

以上のように、ヒトの生活環境には、放射線以外のたくさんの発がん要因が存在して、それぞれがお互いに作用し合って、がんの発生を促進したり、抑制したりしています。ですから、低線量になればなるほど放射線の影響が隠れてしまい、放射線によってがんがどれくらい発生するかそのリスクを推定するのはむずかしくなります。そのため、母集団の大きなコホート調査（例えば、原爆被爆者：約八万人）や大規模な動物実験が必要になるわけですが、それでも、一〇〇ミリシーベルト以下（日本人は通常の生活で自然界から年間一・五ミリシーベルトの被ばく）の影響ははっきりしません。現在、がんの原因をがんの遺伝子の傷（爪痕）から推定できないかという研究が進んでいます。最も研究されているのは、ヒトのがんの半数に突然変異が見られるp53という癌抑制遺伝子です。（中略）

私たちの周りには、たばこ、食事、飲酒などの生活慣習が発がんと大きくかかわっています。放射線も発がん因子でありますが、その他の発がん要因やそれぞれの要因の相互作用にも目を向けて、広い視点から発がんリスクを考えていくことが大切です。生活慣習を個人的にそして社会的に改善していくことが放射線の発がんリスクを低減化する近道だと思います。

この議論の分かりにくい点は、放射線の発がん作用がありうるのにそれをどう減らすかということにはふれずに、ひたすら生活慣習を改善するよう促すことである。これが放射線防護を軽減したい電力会社や原子力関係者のような原発推進側に都合がよい議論であることは言うまでもない。

国と原子力安全委員会による方向づけ

以上、主に酒井一夫、佐渡敏彦、島田義也の三人の放医研の放射線生物影響研究者（医学者）について述べてきたが、彼らが放射線の健康影響はさほど心配しなくてよい、またＩＣＲＰのＬＮＴモデルは厳しすぎるので緩和すべきではないかとの方向で、研究を進めようとしてきたのはいったいなぜだろうか。この問いに答えるための参考になる資料として、二〇〇四年七月付けの原子力安全委員会「原子力の重点安全研究計画」という文書を見てみよう。東海村ＪＣＯ臨界事故後、省庁再編後の新体制での「安全研究」に向けてまとめられた文書だ。「はじめに」に、

近年、原子力安全の確保や安全規制に係る状況が変化し、また、平成一三年度の放射線医学総合研

究所の独立行政法人化、平成一五年度の原子力安全基盤機構の設立、さらには、平成一七年度の日本原子力研究所と核燃料サイクル開発機構の廃止・統合による新法人・日本原子力開発機構の設立等、安全研究の実施を担う機関の体制も変化している。このため、原子力安全委員会原子力安全研究専門部会は、原子力安全に関し解決すべき課題により確実に取り組めるよう、今後、重点的に実施すべき安全研究の内容や実施体制について明確な基本方針を打ち出すことを目的として（以下略）

とあるとおりである。ここでは放医研の放射線影響研究に高い地位が与えられている。もちろん事故が起こらないようにするための研究が重要だ。だが、「さらに、原子力利用活動に伴う安全確保は、「人の安全」が基本であることから、科学的な根拠に裏付けられた放射線の生体影響・環境影響等の放射線影響分野の安全研究の充実を図る必要がある」（四ページ）。そしてその（「放射線影響に関する安全研究の推進」の）第一目標は放射線の健康影響は小さいことを示すことにある。

放射線影響に関する安全研究については、「人の安全」を守るという国の責任を果たす面でも非常に重要な分野であり、研究の着実な進展が求められている。

具体的には、国民の関心の高い、放射線の人体への健康影響に関するしきい値問題を含めた低線量（率）放射線の生体影響に関する研究、放射性核種の体内取込みによる内部被ばくに関する研究、被ばく線量の測定・評価に関する研究等、放射線の健康影響をより詳細に評価するための取組みや高線量被ばくを伴う事故等の際の緊急時被ばく医療への対応が求められる。（六ページ）

四つの課題が挙げられているが、そのトップに位置づけられているのが低線量放射線の生体影響研究で、とくに「しきい値問題」が焦点として取り上げられている。また四つの課題のうち三つは放射線の被ばく影響の評価に関わるものである。なかに内部被ばくが取り上げられているが、その内容がどのようなものであるかについては、私の調査が不十分なのでここでは取り上げない。

放医研と原子力安全委員会が描く原発推進科学の構図

別添資料二は「主要な研究機関に期待する重点安全研究の内容」だが、そこの「放射線医学総合研究所」の記述は「放射線影響分野」と「原子力防災分野」に分かれている。そして前者では、今後拡充される可能性がある領域についても述べられているが、まず最初に現在、重点的に取り組まれている研究が挙げられている。

> 低線量（率）放射線の生体影響に関する研究を実施し、これらのデータを解析評価することによって、線量と種々の生物効果との定量的な関係等を明らかにすること、さらに、その成果に基づき、より合理的な防護基準の設定や被ばく者の健康リスクの実態的な評価を可能とするとともに、国民の信頼の醸成に寄与することを期待する。
>
> 具体的には、以下のような研究の実施を期待する。
>
> ・各種の放射線（中性子線を含む）及び生物指標を用いての線量・線量率・反応関係の解析と生体防御因子との関連の解明
>
> ・放射線障害と修復・防御に関わる分子・細胞・個体レベルの研究　等

これらは、放医研の酒井一夫氏、荻生俊昭氏、島田義也氏らの研究分野を示唆するものだ。ここで「合理的な防護基準の設定」というのは、ＩＣＲＰのＬＮＴモデルに基づく防護基準を緩和するような方向性を示唆するものと読める。

傍証として、『LRI Annual Report 2006』（日本化学工業協会研究支援自主活動 Annual Report 2006 Long-Range Research Initiative 長期自主研究）（社団法人日本化学工業協会、二〇〇七年三月）を見ておこう。そこでは、「放射線医学総合研究所低線量プロジェクト・島田義也研究グループ」の「研究概要と成果」次のように記されている。

体内に入った化学物質はその量に応じて何らかの生体反応を引き起こします。これを用量相関性といいます。また、ある量以下では全く反応を示さなくなった場合、その量を「しきい値」と呼びます。動物実験では、発がん物質の量が多くなるに従って発がん率が上昇するので、用量相関性があることが分かっています。しかし、しきい値があるかどうかについては議論が分かれています。このテーマでは「発がん物質による発がんにしきい値が存在するか否か」を研究します。第六期はこれまでに続き、極低線量の放射線と極微量の発がん物質を複合的に動物に投与して、しきい値が観察されるか、またどのような発がんのメカニズムがしきい値に影響するかという研究を行いました。（一一ページ）

「原子力の重点安全研究計画」の一環としての低線量安全論

このような研究によって「国民の信頼の醸成に寄与する」とは何を意味するのか。事故が起こった場合にも、放射線の影響は小さいのでそれほど不安にならなくてもよいことを示すことなのだろうか。そうであるなら、むしろ市民の不安を増幅させるものだろう。

他方、これはできるだけ原発のコストを下げたい電力会社や原子炉製造関連企業にとっては、大いに歓迎すべき研究プロジェクトだろう。

いずれにしろ、この「原子力の重点安全研究計画」という文書は、放医研が放射線健康影響に関する国の主要な研究機関として捉えられ、「ＩＣＲＰ防護基準の緩和を陰に陽に目指しつつ原発推進のための「安全研究」を担う」という位置付けを与えられていたことを明らかに示している。

放医研のこうした体制の基礎は、佐渡敏彦氏の時代にはすでに築かれていたが、放医研のこの部門の研究が大きな潮流になるのは、島田義也氏や酒井一夫氏の時代になってからであり、一方では原子力ルネッサンスという時代背景に、他方ではますます強く経済効果のある研究を求められるようになる時代背景に影響を受けている。

6．放射線ホルミシス研究という科学潮流

トーマス・ラッキーの放射線ホルミシス論の日本導入

では、そもそもこうした研究動向が日本で力を得始めるのはいつ頃のことか、また、当時、そうした研究動向を盛り上げていった研究機関や研究者はどのような人々だったのか。この節ではこれらの問いに迫っていく。

この問いは「放射線ホルシミス」への注目の歴史を追うことで、かなりの程度、答えることができる。「放射線ホルミシス（Radiation hormesis）とは、大きな量（高線量）では有害な電離放射線が小さな量（低線量）では生物活性を刺激したり、あるいは以後の高線量照射に対しての抵抗性をもたらす適応応答を起こすことである」。（Wikipedia、二〇二〇年一〇月一〇日閲覧）「ホルミシス」の語源はギリシア語の「ホルマオ」

すなわち「興奮する」で、医学用語としては「毒物が毒にならない程度の濃度で刺激効果を示すこと」（リーダーズプラス英和辞典）を指す。さまざまな要因で起こるとされるが、放射線でもそれが起こるという説は、一九八二年、ミズーリ大学のトーマス・ラッキーによって提起された。

放医研（それ以前は、大分県立看護科学大学）の赤羽恵一氏はラッキーが提唱する低線量放射線許容量について次のように述べている。

Luckey 氏の線量応答曲線は、ホルミシスは全身照射が自然放射線レベルから一〇グレイ／年の間で生じ、許容値は「保守的に」一グレイ／年としているが、これは、既存の放射線影響の報告とかけ離れた数値である。（「低線量放射線影響に関する公開シンポジウム「放射線と健康」印象記」『日本保健物理学会 NEWS LETTER』一九号、一九九九年）

ラッキーによるこの放射線ホルミシス論に刺激されて、日本でその方面の研究を推進する旗振り役になったのが、電力中央研究所・研究開発部の初代原子力部長である服部禎男《さだお》（一九三三年生）氏である。服部氏は名古屋大学電気工学科卒業後、中部電力、動力炉・核燃料開発事業団を経て電力中央研究所に赴任した。専攻は原子力工学で本人も認めるように放射線影響学はしろうとである。

服部氏が回顧するところによると（『「放射線は怖い」のウソ』武田ランダムハウスジャパン、二〇一一年、第二六回日本東方医学会ウェブサイト教育講演会「放射線ホルミシス」二〇一一年三月閲覧）、一九八四年に電力中央研究所の若手研究員がラッキーの論文について知らせてきた。服部は「そんなはずはない」と驚いて、アメリカの電力研究所本部ＥＰＲＩに問い合わせた。そこでアメリカのエネルギー省が動き、八五年にカリフォルニア州オークランドで会議が行われ、一定の信頼性があり、積極的に研究すべきであるとの回答を得た。

そこで、「電中研の依頼で、一九八八年岡山大学がマウス実験をして、劇的なデータが得られ、一九八九年から岡田重文氏（放射線審議会会長、東大医学部）、菅原勉氏（京大医学部長）、近藤宗平氏（阪大教授）ら二〇名以上の日本のトップ指導者を含む研究委員会を発足し、一〇以上の大学医学部、生物学部と共同研究を開始し、一九九〇年から明快なデーターが世界の学術誌に発表されて、世界中に大きな衝撃を与えました」（第二六回日本東方医学会ウェブサイト「放射線ホルミシス」）。ここにある「研究委員会」は放射線ホルミシス研究委員会と名づけられたもので、委員長は原子炉研究が専門である服部氏が務めた。

電中研が始めたホルミシス研究の世界的反響

「世界中に大きな衝撃を与え」たのはなぜか。それは放射線ホルミシス論が妥当であるとすれば、放射線の防護についてのＩＣＲＰ基準やその前提となっているＬＮＴ（直線しきい値なし）モデルが崩れることになるからだ。服部氏は自著で次のように述べている。

二〇年間、放射線ホルミシスで大騒ぎして、そして勉強した一番大きな内容は、人間の体の六〇兆個もある細胞が、その細胞一個あたり、毎日一〇〇万件ものＤＮＡ修復活動を行って生命活動を進めているということです。地球環境に酸素ができてきて、人間が酸素を利用する生命体になり、そうやって人間が生きることになった現代、ＤＮＡ修復活動こそ、生命活動継続の根本であるとつくづく感じます。

これを無視したＩＣＲＰ（国際放射線防護委員会）の勧告は、神に対する冒瀆ではないでしょうか。この勧告のもとになっている『ＬＮＴ仮説』（放射線量と健康被害が直線的に比例するという考え。

つまり、放射線は少しでもあれば健康被害があるという考え）に対しては、多くの専門家が異を唱えています。（中略）

低レベル放射線に対する考え方の再検討をただちに日本から始めなければならないのではないでしょうか。今こそパラダイムシフト（既成概念からの劇的な変化）が必要なのです」。（服部禎男『「放射線は怖い」のウソ』「おわりに」一二六-一二七ページ）

いやいや、服部氏自身が述べているように、「再検討」はすでに日本からたいへん活発に発信されてきたのだ。

ガン抑制遺伝子p53の活性化、活性酸素の抑制酵素SODやGPxの増加、過酸化脂質の減少、膜透過性の増大（電子スピン共鳴測定）、インシュリンやアドレナリン、メチオニンエンケファリン、β-エンドルフィン、など各種ホルモンの増加、DNA修復活動の活性化、免疫系の活性、LDLコレステロールの減少など、次々と明快なバイオポジティブ効果が、哺乳類で検証されました。

東北大坂本教授は、すでに一九八〇年代から、多くの研究経験から独自に低放射線の全身照射に着目しておられました。悪性リンパ腫の患者さんに、従来法に併用して希望者に試行されたのが驚くべき結果をもたらしていることが解りました。一〇〇ミリシーベルトのX線を全身に、週三回を五週間、全部で一五回合計一・五シーベルトを照射する方法です。坂本先生は一五〇ミリシーベルトを週二回五週間、合計一・五シーベルト全身照射でも良いとされています」。（服部禎男「第二六回日本東方医学会教育講演・放射線とホルミシス」配付資料、二〇〇九年）

この坂本教授の研究は現在は受け継がれていない。

電中研から広がったホルミシス論の渦

こうした日本の動きに刺激を受けながら、欧米の専門家たちの間からもホルミシス論に傾く人々が増えてくる。

一九九二年、米国エネルギー省や環境庁の専門家をさそって、ＢＥＬＬＥ（Biological Effects of Low Level Exposures）を設立し、低レベル刺激によるポジティブ効果のニュースレターや定例専門家会議活動を開始しました（同前）。

続いて、ＮＰＯ・Radiation, Science, and Health（ＲＳＨ）が設立され、「ＷＨＯとＩＡＥＡに働きかけて、低レベル放射線の国際会議を開催させせました」（同上）。

一九九七年秋、六〇〇名以上の専門家がスペインのセビリヤに一週間集まり、低レベル放射線の問題はＤＮＡ修復活動を無視しては議論にならないことを主張する医学・科学者側と国際放射線防護委員会との激論が続き、極端な線量率の広島・長崎と低線量の身体影響、決定的な違いがあると指摘されました。（同前）

日本の動向に話をもどそう。服部氏が原子力関係の研究をリードする電中研では、九〇年代に石田健二氏や、ついで二〇〇〇年代に酒井一夫氏がホルミシス研究に力を入れてきたことは前に述べた。石田氏は服部氏と同じく、名古屋大学の工学部の出身である。また、まだ名前を挙げていなかったが、後に岡山大学に移った山岡聖典氏も電中研でホルミシス研究の基礎を作った専門家である。だがこの動きは電中研に限られない。全国の研究機関にこの動きを広げていこうとする活動もなされていた。

その主要な担い手の一つが一九八九年に発足し、服部氏が委員長を務めた放射線ホルミシス研究委員会で、この問題の専門家であり、かつ有力国立大学の医学部教授を務めた菅原努氏や近藤宗平氏は放射線影響学・保健物理と医学をつなぐ地位にある大家である。彼らは、この後、「ＩＣＲＰ厳しすぎる」論の興隆・普及に大きな役割を果たしていく。

「ＩＣＲＰ厳しすぎる」論を支えた科学者たち

菅原努氏（一九二一－二〇一〇）は京大医学部で医学を学んだが、その後阪大理学部でも学び、国立遺伝学研究所、放医研を経て、京大医学部放射能基礎医学講座の教授、京大放射線生物研究センター長などをいずれも初代として務めている。菅原氏は京大医学部を退任する前後に研究会を作り、アメリカ科学アカデミー（ＮＡＳ）、アメリカ研究審議会（ＮＲＣ）が設けた電離放射線の生物学的影響に関する委員会（ＢＥＩＲ）の一九七九年の報告書（ＢＥＩＲⅢ）の検討を行った。その成果は菅原努監修『放射線はどこまで危険か』（マグブロス出版、一九八二年）として刊行されている。この中身を見る限り、「ＩＣＲＰ厳しすぎる」論はほとんど見られない。

ところが、二〇〇五年に刊行された『「安全」のためのリスク学入門』（昭和堂）では、だいぶ様相が変わってきている。この書物は服部氏のようにホルミシス論を強く押し出してはいないが、議論の要となるところで紹介されている。

放射線に限らないことですが、体の組織に大き過ぎない「攻撃」が加われば、組織の修復機能が高まり、かえって健康に良い影響をもたらすことが考えられます。有害物質も少量なら「刺激」となって体の活性化に役立つ、ホルミシスとはそういうことなのです。

さて、このホルミシスが本当なら「直線しきい値なし仮説」のグラフは、書き直さなければならないことになります。放射線の益によるがんの減少分を考慮すれば、グラフにはこれ以下なら放射線を浴びても大丈夫という「しきい値」ができ、「どんなに少量でも放射線は有害」という考え方はくつがえることになります。

今のところICRPは、これらの結果についても検討した結果「現在入手しうるホルミシスに関するデータは、放射線防護において考慮を加えるには十分なものではない」という結論を下し、九〇年の勧告での「少ない放射線量でもなんらかの健康に対する悪影響を起こすことがあると仮定しなければならない」という姿勢を変えていません。

ICRPは国際放射線防護委員会というその名の通り、まずは人々を放射線からどう守るかを考えるための組織です。そのため線量について極力慎重に考え、より安全な方へ見積もる考え方を出してくるのは、ある意味では当然のことです。

しかし実際問題としては、放射線を受けてがんが増えたという証拠は、一〇〇ミリシーベルト以下では見られていないのです。（八六－八七ページ）

この叙述はいちおうICRPの立場を尊んでいるかのそぶりを見せてはいるが、科学的にはホルミシス論が有力でそちらが正しいのだという考えがにじみ出ている。読者にはそう受け取れるような表現になっている。なお、「放射線を受けてがんが増えたという証拠は、一〇〇ミリシーベルト以下では見られていないのです」という主張に反する証拠はいくつも提示されており、大いに反論を招くはずの議論である。

菅原努氏らの低線量放射線「しきい値あり」論

実際、菅原氏は松浦辰男氏との共同報告「被爆者の疫学的データから導いた線量―反応関係――しきい値の存在についての考察」（二〇〇二年）でしきい値あり説を主張している（放射線と健康を考える会ホームページ）。この報告は、広島・長崎の被爆者の疫学調査を見直そうというものだ。

低線量放射線被ばくによる発がんについて、線量―反応関係にしきい値があるかどうかという問題は、放射線防護と原子力政策決定における最も重要で、議論の多い問題の一つである。放射線影響研究所（RERF）によって、広島・長崎の原爆被爆生存者（以下、被爆者）に対して寿命調査（LSS）が行われているが、現在、その研究グループの疫学的研究結果は最も信頼のおけるものとされている。その研究グループは、線量―反応関係には「しきい値なしの直線関係」（LNT）の仮定を否定する何の証拠もない、との見解をとっている。それに対して筆者らは、被爆者の受けた放射線量は慢性的被ばくの影響を考慮に入れて再評価することが必要だと主張してきた。

どのような考察がなされたかは省略して、結論部分だけを引く。

この結果から、発がんに関する現在の線量―反応関係はこの線量だけ右側に平行移動すべきであり、低放射線領域における発がんのしきい値は、約〇・三七シーベルトであるといえる。

広島・長崎の疫学調査からは、生涯三七〇ミリシーベルト以下では健康への悪影響はないというのだ。これは広島・長崎の被ばくによる健康影響の評価としてはかなり特殊なものである。一〇〇ミリシーベルト以下でも影響があったというデータ評価もできるので、ＬＮＴモデルが採用されているのだが、それよりだいぶ高い三七〇ミリシーベルト以下では影響がないとしている。

　実はこれはチェルノブイリでソ連政府側に立って放射線の被害は小さいので避難は不要だという立場をとったレオニード・イリーンが主張した生涯三五〇ミリシーベルト限度説と照応しあっている。イリーンは放影研の理事長を長期にわたって務めた医学者、重松逸造氏と親しい関係にあった。菅原努氏は重松逸造氏やイリーンとともに、「ＩＣＲＰ厳しすぎる」論の立場から放射線防護の軽減のための論陣を張っていたのだ。

　日本の多くの放射線健康影響の専門家が一九八〇年代後半から「放射線ホルミシス」論に注目し、低線量被ばくによる健康への悪影響は少なくむしろよい影響があることを示すための研究に取り組んできたことを示してきた。電中研と放医研がその中核だが、全国の大学でも保健物理や放射線医学の研究分野でその影響が広がっていった。原子力推進に関わる官庁、業界、学界が後押しし、菅原努氏（京大）、近藤宗平氏（阪大）、岡田重文氏（東大）ら保健物理と医学の双方に場をもつ有能な研究者がそれを牽引したから、低線量安全論は急速に力を強めていったのだ。

7．保健物理（放射線影響学・防護学）の学界動向

「安全安心科学アカデミー」という場

一九九〇年代末頃からは世界的な情勢をにらみながら政治的な意図をもった働きかけが強まる。各国政府の意向を反映しつつ世界的に合意されているＩＣＲＰの防護基準を、緩和の方向で見直そうとする論が強力に展開されていく。「ＩＣＲＰ厳しすぎる」論が花盛りとなったのだ。こうした動向を反映して、低線量被ばく安全論が大量に集められているウェブサイトの一つに「安全安心科学アカデミー」のそれがある。

この「安全安心科学アカデミー」は二〇〇一年に設立されたもので、『暮らしの中での科学技術に対する不安』について気軽に相談できるようなボランティア組織」だという。その「入会のしおり」には、「ブラックボックス化する科学技術の急激な進歩の中で、住民は、さまざまな不安を抱いている。科学技術が進歩し高度になればなるほど、専門家集団と一般住民との間に大きな乖離が生じてくるのは必然であろう。そしてその正確な知識の欠如が、時には不安を増幅し、時には誤った判断・評価により重大な社会的損失を生み出しているかもしれない」、それを克服するために住民が能動的に考えていくのを支援するのだと述べられている。

設立経緯のより詳しい説明は、理事長の辻本忠氏の名による次の文章に見られる。

東京電力株式会社の柏崎刈羽発電所でのプルサーマル計画実施の是非を問う住民投票が二〇〇一年五月二七日に刈羽村の住民（有権者数四〇九〇人）に対して行われた。プルサーマル計画は国の核燃

料サイクル政策の柱で、国のエネルギー政策に対して非常に重要である。そのため、政府、電力会社は必至になってプルサーマルの安全性について説明された事と思う。ところが、結果は反対派が多数を占めた。「安全でも安心出来ない」と言うのがその答えである。そこで、東京電力株式会社では「プルサーマル推進本部を早急に新設し、幅広い理解活動に取り組んでいく、経済産業省も「政府を挙げプルサーマル推進に向けた活動を目的に関係府省による連絡協議会を設け、実績などを示して地道に説得していく」などの考えを表明している。このように電力会社や政府はプルサーマルの技術的な安全性、実績などについて正しく伝え、エネルギー問題や原子力政策についての考えを解ってもらおうとしている。しかし、このような「解ってもらおう」とする説得型の一方向からのアプローチではなかなか住民の理解を得る事は難しいと思われる。これからは双方向のコミュニケーションが必要である。（中略）そこで、住民と共に考え、住民をサポートする人達が必要となる。また異常が発生した場合、住民より信頼され、「心の相談員」となる人が必要である。このように、常に住民より信頼され、住民をサポートし、異常時には「心の相談員」になる、このような人達のボランティア組織が「安全安心科学アカデミー」である。

この組織は原発が安全であることを住民に納得させるために設立されたということだ。

「原発は安全」を放射線の健康影響の問題として論ずる

「心の相談員になる」という叙述には、「安全」に関わる放射線の科学的専門家であるとともに、「安心」に関わる心のケアの専門家ともなるべきだ、またなりうるのだという考えがうかがわれる。放射線の専門家が心理説や精神論や文化論を語る傾向のよい例だ。これについては第三章で詳しく見ていくことになる。とりあえず、ここでは福島原発事故後に放射線影響を専門とする医学者（山下俊一氏）が「ニコニコしていればだいじょうぶ」という発言を行って住民を困惑させたことを思い出しておこう。

この安全安心科学アカデミーのホームページには、『低線量放射線の健康影響に関する調査』という報告書が収められている。二〇〇三年五月刊行で近藤宗平、米澤司郎、齋藤眞弘、辻本忠の四氏が執筆したものだ。その「序章　放射線を正しく怖がろう」は近藤宗平氏の筆になるものだが、次のように主張されている。

現在の放射線防護規則の履行により、生命を救うという名目で出費されている金額は、ばかげているほど高額であり、非倫理的出費である。このことは、はしかやジフテリア、百日咳などにたいする予防注射によって生命を救うのにかかる安い費用と比較するとよく分かる。放射線から人間を仮想的に防護するため巨額の費用が使われている。他方、本当に生命を救うためのずっと少額の財源はたいへん不足している。

放射線ホルミシス論を受けて、ＬＮＴモデルが廃棄され、「しきい値あり」との立場が採用されれば、原発の安全性を保つために費やされている資金が大幅に節約できる。これまで原発の安全性のために余計なコストがかかり、そのために他の目的で健康維持等に費やすことができた費用が無駄にされてきた。それは「非倫理的出費」だという。放射線ホルミシス論はＩＣＲＰ防護基準を緩和し安全性のための出費を減らすことによって、原発のコストを大幅に下げることができるという意義をもった研究だということが堂々と示されている。

こうした論をあからさまに提示しているのは、電中研の服部禎男氏と阪大名誉教授の近藤宗平氏らだが、多くの専門研究者はそれに異論を立てることなく、その立場を知った上でその主張にそった研究を進めてきた。このような倫理的自律性を欠いた専門領域が日本の、また世界の科学の中に存在するという認識をもつこと――これは福島原発災害が教えたきわめて重要な教訓の一つだろう。

辻本忠氏「これまでの保健物理」

では、こうした動向に関わってきたのはどのような専門家たちなのか。科学的な専門分野としては、主に保健物理と放射線医学が関わっている。後者については別に取り上げることにして、ここでは「保健物理」について述べよう。辻本忠氏の「これまでの保健物理」(『保物セミナー』二〇〇九年)という文章が役立つ。

一九四二年 Enrico Fermi によってシカゴ大学で世界最初の原子炉（シカゴ・パイル）が完成した。この原子炉は原子爆弾の材料となるプルトニウムを生産するために作られたものである。プルトニウムについては人体に障害を及ぼす恐れがある。そこで、原子炉が完成するに先立って、A.H.Compton を委員長に数人の物理学者が集まり、原子炉から出る放射線及びプルトニウムのような放射性物質から作業者や研究者及び環境を物理的方法で護るための研究を始めた。そして、この人達の研究部門は “Health Physics Division” と呼ばれていた。Health Physics という用語を初めて用いたのはこのときからである。保健物理とは Health Physics の直訳である。A. H. Compton は「保健物理とは放射線障害を防止するために安全な被ばくレベル、遮へい、放射性廃棄物の放出等について研究を行う」と述べている。その後、原子力の開発に伴い、この分野が急激に発達していった。

つまり、原子力の開発・利用と相即し放射線防護のための専門科学分野として保健物理は形成された。

辻本氏は保健物理がこのように原子力開発の副次的分野であることについて否定的ではない。むしろそのことを積極的に受け止め、「実学」として進んでいくのが保健物理の本来的なあり方だと述べている。辻本氏は個人的な考えとして、そこにさらに「安心」のための心の問題の考察も含めたいとしている。辻本氏は言う。

保健物理（学）は原子力の発展に伴って急激に発達した新しい学問であり、また実学であるので学問体系を構築するのは非常に難しい。そのため、人によっていろいろと見解の相違がある。また、実学であるので時代の影響を大きく受ける。よって一義的に定義する事が非常に難しい。これまで、放射線の人に与える影響は身体的影響と遺伝的影響に区分されている。私の個人的な見解ではあるが、上記二つの影響に心理的な影響を付加させたい。放射線に対する心理的な影響で健康に害を及ぼす人もいる。（中略）、東京大学の吉沢康雄教授の研究室は「放射線健康管理学教室」であったと思う。私の個人的考えでは、もう一歩進んで「放射線の安心科学」にしたい。（同前）

「実学」としての保健物理

「保健物理は実学」ということの意味だが、保健物理は原子力利用と不可分のものであるから、原発推進の時代にはそれにそって保健物理を強化すべきであり、保健物理の専門家もその自覚の下に研究を進めるべきだという主張が含まれている。

ところが最近になりアメリカが原子力発電に積極的になると日本でも「原子力ルネッサンス」と叫び、再び原子力工学科の設置が計画されはじめている。

> 鳩山由紀夫首相は九月二二日に国連気候変動サミットで日本の温暖化ガスの中期目標について、「二〇二〇年までに一九九〇年比で二五％削減を目指す」と表明した。この目標を達成するには原子力発電所の役割が非常に重要になる。原子力発電所を発展させるには保健物理の活動が必須である。人材というものは急に育つものではない。これからも原子力発電を発展させていくには保健物理が活動しなければならない。それには、国および原子力関係者はもっと保健物理（学）を理解していただかなければならない。（同前）

また、この学問領域は個々人のアカデミックな研究業績によってではなく、政策担当機関と協働して組織的に進められるべきだという考えも見られる。

> K. Z. Morgan は原子力研究所の中の保健物理の位置付けを次のように述べている。「国は研究所を助成し、研究所長は保健物理部を助成している。そして、保健物理部では部長、室長、研究員、技術者、秘書などが一致協力して仕事を進めていく。そして、その成果が直接研究所の頭脳に報告できるような組織でなければならない」。
>
> 実学というものは時と共に変わって行くものである。原子炉のような大型施設を作るのも一つの研究である。この時には K. Z. Morgan が言われていたように、所長も研究者も技術者も一致団結して原子炉の建設に立ち向かう。（中略）京都大学原子炉実験所の初代より三期まで所長を勤められた柴田俊一先生は常に「管理優先、研究尊重」言われていた。ところが、文部省が各大学の評価を行った際に京都大学原子炉実験所は「Ａ１」評価になった。「Ａ１」とは一番よい評価であると思っていたが、一番悪いという事が後でわかった。それからというものは、教官は研究が使命である。そのため、研

究優先、管理尊重に代わっていった。そして、現業的な仕事は技官に任せ、教官は研究に専念するようになった。しかし、研究というものはこのように画一的なものではない。とくに保健物理（放射線管理）というものは実学で現場の中に入り込み、社会の動きについても変わっていかなければならない。（同前）

カール・Z・モーガンと「保健物理」の始まり

ここで名前が出てくるカール・Z・モーガン（K. Z. Morgan、一九〇七–九九）はアメリカの、そして世界の「保健物理（学）」（health physics）の創始者の一人として知られ、米国保健物理学会初代会長、国際放射線防護学会初代会長を務め、ＩＣＲＰでは内部被ばく線量評価委員会委員長を二〇年にわたって務めた物理学者である。彼が保健物理の創始者となり、三〇年近くその分野のリーダーとして活躍し、後に原子力開発を是とするあまり放射線の健康影響を過小評価してきたことを悔いるようになる経緯については、ケン・M・ピーターソンとの共著『原子力開発の光と影――核開発者からの証言』（昭和堂、二〇〇三年、原著は一九九九年）に生き生きと叙述されている。

宇宙線物理学を研究していたモーガンは一九四三年、マンハッタン計画の進捗とともに、放射線の人体への影響を予測し防護基準や防護策を提示するためのシカゴ大学の学術計画に招かれた。そこで彼はロバート・ストーンら数人の科学者から「保健物理」の研究に加わるようにと言われる。だが、モーガンはその言葉の意味が分からなかった。

ショックを受けて、私は次のようなことを言いながらドアの方へ進み始めていた。「何か重大な間違いがあるにちがいありません。私は『保健物理学』についてこれまで耳にしたことさえありません」。

彼らは、笑い、ほとんど同時に繰り返して、「頑張れよ、カール。私たちが二、三ヶ月前に保健物理学という言葉を発案するまでは、私たち自身だってそれについて一度も耳にしたことがなかったんだよ」。彼らは、物理学者によって最もうまく処理されると思われる、重大な健康問題に気づいているのだ、と説明した。そういうことから、大学でのこの新規部門は「保健物理学」と呼ばれた。(二一〇―二一一ページ)

モーガンは数ヶ月後に、テネシー州オークリッジの国立原子力研究所に移り、その保健物理部の部長となる。戦時中の緊急の判断でつくことになった職務だが、後にモーガンは、それが必然的に人体を脅かす放射能の被害を軽視する傾向を避けがたいものだったことを認めることになる。

低線量「しきい値なし」論の否認と保健物理

辻本氏の文章にもどるが、保健物理の研究成果がアカデミックな審査で低い評価を与えられたので、「社会的貢献」つまりは原発推進での研究ではなく科学研究のアカデミックな質の向上の方向に向かう研究者が増えた。しかし、これはこの専門分野の主旨に反すると辻本氏は述べている。むしろ組織一丸となり実用目的にそって動いていた初期のような「実学」としての自覚を取り戻すべきだという。辻本氏のこの考えが保健物理の専門家の共通見解だと言いたいわけではない。ただ、専門分野を代表するような有力な研究者のひとりがこう述べていることは注意しておいてよいだろう。

近藤宗平氏や辻本忠氏の述べていることから知れるのは、日本の保健物理の分野では、(1)ＩＣＲＰ防護基準の重要な柱である低線量「しきい値なし」論を覆すことを目指す研究者が多かったこと、(2)「しきい値なし」論の超克は防護にかかるコストを下げるのに通じており原発推進に適合的であると意識されていたこと、(3)そのことが彼らが進める研究のメリットだと主張されてきたこと、(4)この種の研究の推進が政治的な背景をもち、異なる立場からの批判が強いと意識されているはずであること、(5)しかしそうした批判者との学問的討議の場を設けることは避けられてきたこと等、である。

事実、近藤宗平氏、辻本忠氏が目指すような路線での研究を精力的に進めてきた酒井一夫氏は、すでに見てきたようにこの研究分野の新たな世代の代表的研究者として政府等の多くの委員の任務を与えられてきた。三・一一原発事故後に「首相官邸原子力災害専門家グループ」や「日本学術会議東日本大震災対策委員会放射線の健康への影響と防護分科会」に名を連ねた放射線の専門家からは、厳しい防護基準にそった対策を回避するような情報発信が目立ったのも確認してきた通りである。文科省による福島県の学校等の二〇ミリシーベルト基準の指示(二〇一一年四月)や食品安全委員会が暫定基準を厳しく改めようとしたことへの反対(二〇一二年二月)などはたいへん分かりやすい例である。

楽観論を批判する保健物理の専門家

だが、保健物理の専門家がすべて、こうした動向に従ったかというとそうではない。

一九九九年四月二一日に新宿の京王プラザホテルで行われた公開シンポジウム「放射線と健康」についての赤羽恵一氏(当時、大分県立看護科学大学)の印象記は、こうした動向に対する批判的な視点が当時、健在であったことを示すよい例だ。(「低線量放射線影響に関する公開シンポジウム「放射線と健康」印象記」『日本保健物理学会 NEWSLETTER』一九号)。そこで赤羽氏は、「しきい値なし」を否認する方向での諸報告の論拠の弱さを明確に指摘している。

低線量の影響のような、影響が微少である問題は、調査・研究において、交絡因子の扱いを慎重にしなければならない。例えば、ホルミシスの説明で、ラドン温泉や高バックグラウンド地域の住民調査が挙げられているが、これは非常に問題があると思われる。温泉自体の環境が負の効果をうち消しているかもしれないし、地域の特殊性も考えられるからである。また、Luckey氏〔一四三ページ参照――島薗注〕の線量応答曲線は、ホルミシスは全身照射が自然放射線レベルから一〇グレイ／年の間で生じ、許容値は「保守的に」一グレイ／年としているが、これは、既存の放射線影響の報告とかけ離れた数値である。その根拠となった適応応答を示すデータだけでなく、負の影響があるとする既存データの信頼性も同時に分析する必要があるのではないだろうか。

赤羽氏はまた、提示された論証が既存の成果を否定することに急で上滑りしたものであったことも指摘している。そして近藤宗平氏の報告については倫理性にまで立ち入って厳しい評価を下している。

非常に重要な人間性の根幹に関わる問題で、私が放射線防護に携わる者として絶対に無視できない発言は、近藤宗平氏の「原爆の放射線による死亡は無視できる」発言である。同じ言葉を原爆被爆者と遺族の前でも言うのであろうか。これがこのシンポジウムの演者の共通意見ならば、非常に残念なことである。

同氏はまた、科学研究が政治的動機に引きずられていないか、危惧を表明している。

質疑応答の中では、外国の演者から、科学のデータがどういうものかは金がからみ、国民の支持が得られなければ科学的根拠があっても出ない、二つ意見が出てくるとどちらがとられるかは政治の問題で議論は政治的なもの、という意見も出された。（中略）

この公開シンポジウムは低線量影響の研究成果を公開して発表する場として設けられたと思うが、科学的議論であるべきものが、その裏に感情論・政治論・社会的利害関係が見え隠れする。（中略）

低線量の放射線影響を明らかにすることは、非常に困難な課題であり、それに挑む姿勢は評価したい。その分、一層慎重な科学的手法と分析が必要であり、感情論や社会的利害関係を考えることなく行うことが求められるだろう。今回の公開シンポジウムも、ホルミシス擁護派だけでなく、直線仮説支持派も交えて、科学的かつ冷静に議論ができたらよかったのではないか。

この批判は、福島原発事故以後の放射線影響に関わる政府側専門家の発言や行動を理解する際にも、大いに参考になるものではないだろうか。二〇二〇年の今に至るまで批判的な立場の研究者・論者との討議は、ほとんど行われていない。

8．医学者たちの反応

放射線の健康影響に関する医学者の評価は分かれる

一九九〇年代から二〇〇〇年代へと保健物理の学界では、ホルミシス論やＬＮＴモデル否定論（しきい値あり論）が高い関心を集め優勢になっていった。懐疑的な科学者もおり、崎山比早子氏、野口邦和氏、今中哲二氏らの声がないわけではなかったが、政府周辺の保健物理専門家からそうした声は排除されていた。かろうじて残っていた懐疑的な声が排除されたという点で、二〇一一年四月の小佐古氏の内閣官房参与辞任はこの領域の専門家集団の狭さを象徴する出来事だろう。

だが、これは医学の動向を反映するものではまったくない。放射線が人間の身体に及ぼす影響に関心をもつ医学者は多い。その中には、ホルミシス論やＬＮＴモデル否定論（しきい値あり論）を強く唱えた科学者には大学医学部で教えた近藤宗平氏（阪大）や菅原努氏（京大）のような影響力の大きい少数の有能な存在もいた。しかし、こうした論者の説が医学界で科学的に高い価値をもつ有力説となったようには見えない。

事実、福島原発事故発生後の放射線健康影響についての医学者の発言は、安全論と慎重論に分かれている。東京大学アイソトープ総合センター長の児玉龍彦教授は東大の放射線管理全体の責任者という地位からも分かるように、放射線の健康影響に強い関心をもってきた医学者だが、放射線被ばくの影響を軽視すべきでないという立場から発言し、注目された（児玉『内部被曝の真実』幻冬舎、二〇一一年九月。一ノ瀬正樹他『低線量被曝のモラル』河出書房新社、二〇一二年二月）。児玉氏はすでに二〇一〇年に刊行された金子勝氏との共著（『新興衰退国ニッポン』講談社）で、「他の国では一〇〇万人の子供に一人しか発症しないはずの小児甲状腺ガンに、四〇〇〇人以上の子供が次から次へと罹患しているにもかかわらず、世界から集まった研究者は、「この地域での甲状腺ガンの発生とチェルノブイリの事故の関係を示す証拠はない」としか議論ができなかった」（八ページ）と述べていた。

児玉氏が内部被ばくへの楽観論に対する批判の論拠として挙げた福島昭治氏（日本バイオアッセイ研究センター所長、元大阪市立大学医学研究科長、病理学）らの「チェルノブイリ膀胱炎」の研究について、放射線医学総合研究所は「尿中セシウムによる膀胱がんの発生について」という無記名の批判記事を掲載した。福島氏はセシウムによる内部被ばくで膀胱がダメージを受けており膀胱がんの多発に関わっている可能性が高いとしたのだが、これを否定したものだ。福島氏はこれに反論し、『リスクはない』と否定するよりも、そのリスクを軽減する努力が大事なのです」と述べている（『サンデー毎日』二〇一二年三月二五日号）。個人的に教示を受けた文書だが、東京大学医学部病理学教室の石川俊平准教授（当時、二〇一六年一二月より同衛生学教室・教授）も放医研の批判は危ういものであり、福島氏らの研究には十分な意義があると述べている。

楽観論を戒める放射線医学者たち

放射線医学の専門家からも楽観論を主張する著作や文章と、リスクにしっかり対処すべきだとする著作や文章が競い合って公表されている。後者には、西尾正道氏（国立病院機構北海道がんセンター院長）の『放射線健康障害の真実』（旬報社、二〇一二年四月）、近藤誠氏（慶應義塾大学医学部放射線科講師）の『放射線被ばく　CT検査でがんになる』（亜紀書房、二〇一一年六月）、平栄氏（武蔵村山病院放射線治療センター長）「低線量被曝の時代を生きる子どもたち――第三〇回日本思春期学会総会学術集会教育講演」（『思春期学』三〇巻二号、二〇一二年）などがある。上記三人の医学者はいずれも積極的にがんの放射線治療に携わって来た臨床医であり、放射線治療の有効性を十分に認めた上で、放射線リスクを軽視すべきでないという立場から原発事故による低線量被ばく問題を論じており、多くの臨床経験を踏まえた論述に説得力がある。

近藤氏は「原発事故による被ばくQ＆A」という章で、「「少しの被ばくなら心配ない」という専門家のことばを信じてよいでしょうか。専門家情報をどのように受け止めればいいですか？」との問いを設定し、まず「心配するかどうかは本人の自由だから、専門家が「心配ない」というのは僭越ではないか」と述べた上で、安全論の危うさを指摘し、一〇〇ミリシーベルト以下でも「発がん死亡リスクの上昇が認められているのですから、その言明はウソになっている」という。

このように専門家が口々に言うウソが、内容においてあまりに一致しているので、気味が悪くなるほどです。多様な意見があってしかるべき学問の世界で、これほど同じウソが横行する背景には、少なくとも二つの事情があるでしょう。

一つは、仮にテレビに出た専門家が、低線量被ばくのリスクについて正確なところを話したらどうなるか。視聴者はパニックになりかねない。混乱や非難を恐れるテレビ局にとって、視聴者に安心感を与える専門家は重宝な存在なのです。

第二の事情は、原発推進派や電力会社がこれまで周到に用意してきた種々の仕掛けが、この緊急時にうまく働いているのです。その仕掛けの一端として、たとえば「低線量被ばくは問題ない」と発言してくれる専門家を囲い込む。専門家がいる大学に巨額の研究費を流し込み、大学退職後は、「原子力安全研究協会」などのポストで処遇する。そのようにして、何か原子力関係の緊急事態が生じたときに、都合のよいことを言ってくれる専門家たちをそろえておいたのです。

原爆・原発による放射線の健康影響という問題領域への習熟度

前記の指摘は、本章のこれまでの叙述から引き出せることと合致するものだろう。次の指摘も同様である。

こうして少なからぬ数の専門家が、「一〇〇ミリシーベルト以下は安全だ」と言い出すと、それまで中立だった専門家まで感化されてしまう。

この点たとえばテレビ番組に頻出した中川恵一氏が、「原爆の被害を受けた広島、長崎のデータなどから、一〇〇ミリシーベルト以下では、人体への悪影響がないことは分かっています」とまで述べていたことは前述しました。ただ、彼の名誉のためにいうと、原発関連企業から研究費をもらっていたとは思わない。原発事故が生じるまで、中立的な意見だったのでしょう。しかし、被ばくリスクに関して初歩的ミスを犯しているところからみて、普段からリスクについて調べていたとは思われない。テレビ出演依頼を受けた後、にわか勉強をしたところ、それまで（原発企業寄りの）専門家たちがあちこちに張り巡らしておいた「一〇〇ミリシーベルト以下は安全だ」という言説の網に引っかかってしまったのだろうとみています。（二〇八–九ページ）

東大医学部附属病院放射線科准教授の中川恵一氏の場合は、『毎日新聞』、『週刊新潮』などのマスコミとかねてより深い関係があり、がんについての著述が多く、がんリスクや放射線に関わる医学啓蒙家として自任するところがあったので、急ぎ安全論の陣営に与することになったというのが実情だろう。二〇一一年の三月以来のツイッターでの発言が多くの批判を招いたのは、にわか作りの専門家ということが大いに関わっているだろう。

放射線健康影響の権威とされている医学者たち

実際、医学系で安全論のほうに傾く論の提示者は、舘野之男氏、中村仁信氏、遠藤啓吾氏、佐々木康人氏、前川和彦氏、神谷研二氏、山下俊一氏、長瀧重信氏等、原子力や放射線に関わる政府関係の職務を経験していることが多い。放射線医学総合研究所や放射線影響研究所に関わってきたこと、酒井一夫氏が兼務しているようなさまざまな審議会・委員会等に関わってきたことがその特徴だ。

たとえば、首相官邸原子力災害専門家グループのメンバーには保健物理系の研究者は含まれず全員医学者だが、すべて政府・省庁と密接なつながりがある人々だ。そして原爆・原発の放射線健康影響の問題に長く深く関わってきたごく少数の医学者をのぞいて、放射線の健康影響評価や放射線治療の現場に深く関わって重要な業績を生み出してきた人はほとんど見られない。

原爆・原発の放射線健康影響の問題に長く深く関わってきたごく少数の医学者というのは長瀧重信氏や山下俊一氏だが、彼らの言説については、第三章で詳しく扱う。上記の内、それ以外の医学者の発言は、上記のホームページや著書で知ることができるが、低線量被ばく問題についてまとまった叙述を公表していない場合が多い。多くの場合、住民への放射線の健康影響の問題は自らの専門研究領域とは別の領域だからである。

たとえば、首相官邸原子力災害専門家グループには属さないが、福島原発災害後、同様の役割を果たしてきた放射線医学総合研究所理事長の米倉義晴氏はどうか。国会での同氏の発言については、本章第4節で紹介したが、では、米倉氏はどのようにして原発による放射線健康影響問題に関わるようになったのか。米倉氏が放医研理事長となったのは二〇〇六年だが、その前後に政府が関与する原子力・放射線関係の要職に次々に就任している。原子放射線の影響に関する国連科学委員会日本代表（二〇〇七―）、国際放射線防護委員会（ＩＣＲＰ）第三専門委員会委員（二〇〇五―二〇一三）、原子力安全委員会専門委員（二〇〇六―二〇一一）などである。同氏が関西電力、北陸電力、日本原子力発電、日本原子力研究開発機構、福井県の五者が資金を提供する若狭湾エネルギー研究センターと協力したり、関電病院で行われた関西ＰＥＴ研究会の座長を務めてきたことは前に触れたとおりだ。政府関係者や原発推進勢力が有力な放射線医学者に近づき、原発推進に協力する立場に引き込んでいった経緯が見て取れる。

医学者が原発をめぐる放射線問題に関与するに至る経緯

このようにアカデミックな経歴が終わる時期に、原発推進機関や政府官庁と関わりを深め、原発に関わる放射線医学の専門家として高い地位を与えられる医学者、とりわけ放射線医学者が目立つ。研究者として低線量放射線の健康被害というような学問分野に関わってきたわけではないのだが、政府関係機関に関わるようになって（あるいはその準備段階で原発推進関係機関に関与するようになって）から、そのような発言をせざるをえなくなる（好んでするようになる）。だから、この分野のまとまった著述がないのも肯ける。公衆衛生と疫学の専門家として、あるいは甲状腺の専門家としてこの分野に関わってきた重松逸造氏（元金沢大学医学部教授、元放影研理事長）や長瀧重信氏（元放影研理事長、元長崎大医学部教授）、山下俊一氏（長崎大学医学部教授）のような専門家とは異なり、専門研究者としての素養は乏しいのだ。

そうした中で、原爆や核実験や原発事故等の低線量被ばくによる放射線健康影響について積極的に言及している放射線医学の専門家の著作には、中川恵一氏による『放射線のひみつ』（朝日出版社、二〇一一年六月）、『放射線医が語る被ばくと発がんの真実』（ＫＫベストセラーズ、二〇一二年一月）の他に、舘野之男（元千葉大医学部附属病院放射線部長、元放医研臨床研究部長）『放射線と健康』（岩波書店、二〇〇一年八月）、中村仁信（元阪大医学部放射線科教授、元国際放射線防護委員会（ＩＣＲＰ）第三専門委員会委員）『低量放射線は怖くない』（遊タイム出版、二〇一一年六月）などがある。では、それは専門家らしい信頼に値する内容をもつものだろうか。

専門研究者でない放射線医学者のあやしい説明

ここでは、中村仁信氏の対話形式の著作から興味深いやりとりを引く。中村氏への質問者がＡ、Ｂと二人いる。

A　でも、それでも一〇〇ミリシーベルトで一％の人が発症しているのだから、一〇〇ミリシーベルト以下だからといって安心できないのではないでしょうか。一億人が九〇ミリシーベルト被ばくした場合だったら、九〇万人がガンになるのでは。」

中村　そういう計算をしてはいけないと言ったじゃないですか。しきい値なし説だったら計算上そうなります。急性被ばくの場合ですよ。それがしきい値なしの怖いところでもあります。実際、一〇〇ミリシーベルト以下は不明なのですから。

それに考えてください。一％以下のリスクです。現在では日本人の約三〇％がガンで死んでいるんですよ。三〇％と三〇・九％の差はさほど大きくありません。（六六ページ）

子どもの発がん（がん死でなく）の割合であれば、どの程度増えるのか。私ならそう聞いてみるところである。だが、ここで中村氏が「しきい値なしの怖いところ」と言っているのは注目すべきだ。中村氏も「しきい値なし」であれば、安閑としてはいられないと感じているのだ。また、がん死率を平常のがん死率と比べるのはよいが、実数を計算するのはよくないという。だが、「そういう計算をしてはいけない」理由もよく分からない。もっと驚くのは次の一節だ。

B　放射線を怖がりすぎる必要はないということはよくわかりました。では、被ばくを減らす努力は必要ですか。先生ご自身はあまりそういう努力はしておられないようにお見受けしますが。

中村　これまた、すごい指摘ですね。とても大事なポイントです。一〇〇ミリシーベルト以下は健康被害なしだったら、わずかな放射線など防護する必要はないと思われるかもしれません。しかし、そうではありません。繰り返しますが放射線は活性酸素を生み出します。特別なものではありません。多くの原因で出る活性酸素の影響と合算されると考えてください。放射線が少なくてもガンになりますから、ストレス、タバコなどで生体防御がぎりぎりのところかもしれないのに、意味もなく放射線を加えることはないでしょう。そういう意味で、すごい量の活性酸素が出るのに平気でタバコを吸ってる人がわずかな放射線を怖がっているとしたら滑稽ですね。

前半はここまでです。私自身、被ばくを減らす努力を怠っているわけではありません。長い間、放射線を管理する立場でしたしね。でも本音では被ばくにそんなに神経質にならなくても、と思っているんですが、その理由は次章で。(八三–八四ページ)

何が「すごい指摘」なのだろうか。当たり前の質問ではないか。それについて中村氏は答えられているだろうか。できていない。「その理由は次章で」とあるが、その章は「放射線ホルミシス」と題されている。「しきい値なし」説に立てば、低線量被ばくは「怖い」のであり、しっかり対策をとるべきということになるはずだ。ところが、中村氏は放射線ホルミシス説が妥当であり、実質的に「しきい値あり」とみなしてよいと考えるから、「神経質にならな」いらしい。しかし、それを表に出しては言えないのだ。

原発推進側放射線影響・防護学の信頼喪失

年齢が高く、またそれ相応の経歴をもつ医学研究者を放射線健康影響問題の責任者に抜擢する仕組みは、放医研の設立と深く関わっている。一九五七年に放医研が設立されたときから、政府直属、旧科学技術庁直属だったこの科学研究機関がもつ問題が継続している。これについては、塚本哲也『ガンと戦った昭和史──塚本憲甫と医師たち』（上・下、文藝春秋、一九八六年、文春文庫版、一九九五年）、『放射線医学総合研究所20年史』（科学技術庁放射線医学総合研究所、一九七七年）、『放射線医学総合研究所50年史』（放射線医学総合研究所、二〇〇七年）などに多くの資料がある。

放医研は科学技術庁に直属させることで原発推進の利益に随順するとともに、放射能被害等の情報を原発推進側で握ることができる研究所として設立された。これはアメリカの軍事機関と不可分に形作られたＡＢＣＣ＝放影研とも相通じる特徴だ。自由な研究を求める大学からは切り離され、政府と組んでＩＣＲＰ、ＵＮＳＣＥＡＲ等の国際機関に委員を派遣し、国策にそった科学情報を提示する。大学教授を退いた後の権威ある高齢の医学者は、こうした役割にぴったりだったのだ。

以上、見てきたように、低線量被ばくは安全だという論は、原発推進の権益や政策と関わって形作られてきたものであり、科学的にも公共的な言説としてもたいへん危ういものだった。こうした言説の形成史をたどると、一九八〇年代以来、とくに日本でこの種の論が強く育成されてきたという事実が明らかになる。福島原発事故後の政府に近い立場の放射線の専門家の発言が、未だに分かりにくいままであり、人々の不信を買い、多大な混乱を招き続けて今に至っている主な理由は、放射線健康影響・防護の専門家たちの偏った言説と、それが招いた信頼喪失にあると言わざるをえない。

国民生活に深く関わる問題についての専門家の信頼喪失という、このような事態が生じた理由を問い直し、今後の改善の道を探ることは、人文社会系を含め、広く科学・学術に携わる者に課せられた重い課題である。

第三章 「不安をなくす」ことこそ専門家の使命か？

1．リスク・コミュニケーションという論題

科学的知見＋コミュニケーションという問題設定

放射線の健康影響の専門家が市民の信頼を失ってきた経緯について、第一章では、福島原発事故後に専門家（科学者・研究者）が行ってきた放射線の健康影響をめぐる情報提示に不適切なものが多く、科学者・研究者の信頼喪失の主要な要因の一つとなったと論じた。第二章では、原発事故後に放射線の健康影響について、専門家が適切な対応をできなかった背景に、一九八〇年頃から多くの専門家が、「放射能の安全性を示そうとする」ための科学を自明のものとし、被災者や作業員の立場に立って考えることが必要だとの自覚を持とうともしなかったことについて、そのあらましを見てきた。

この第三章では、こうした放射線健康影響をめぐる科学者の信頼喪失を「リスク・コミュニケーション」（略して「リスコミ」）の問題だとする観点から考えていきたい。この観点はすでに第一章で、事故後に広島大学から福島医大に移って、被災者支援の任についた医学者の一人、神谷研二氏の考え方を紹介する際にわずかながら取り上げている。神谷氏は放射線の健康影響をめぐる科学者・専門家の信頼喪失を、科学者・専門家の問題であるというよりも、むしろリスクを捉えるのに習熟していない市民の側に主な問題があると述べていた。

第一章でもあらまし述べたように、一部の科学者が科学的なリスク評価情報を独占しており、それを国際機関が認めている。科学的に多様な知見があり、政治的に優位に立つ論には異論があるのだが、それは非科学的なものだとみなす傾向があった。そのように科学的知見についてはある科学者集団の側に「正しい」情報があるという前提に立つと、残された問題はそれをいかに市民に適切に伝えるかという「リスク・コミュニケーション」の問題だということになる。

こうした前提から、福島原発事故以後、「リスク・コミュニケーション」は重い政治的倫理的な意味をもった語として頻用されることになる。もっとも後に述べるように、「リスク・コミュニケーション」がしきりに用いられるようになる傾向は一九九〇年代の中頃から兆し初め、二〇〇〇年代になって顕著になる。だが、放射線の健康影響問題に関わってこの語が用いられている例を調べてみると、その用例は福島原発事故前も事故後もたいへん危うく、特定の政治的意図にそったものになりがちであることが見えてくる。

環境省放射性物質対策「有識者懇談会」

福島原発事故後、この後を頻繁に用いている医学者の一人が長瀧重信氏（一九三二―二〇一六）だ。長崎大学医学部教授、放影研理事長を務め、甲状腺の専門家として笹川チェルノブイリ医療協力のリーダー格で活躍した同氏は、事故後の政府の放射線対策立案に深く関わってきた。環境省の「放射性物質対策」の部署が二〇一二年六月八日に第一回会合を開いた「原子力被災者等との健康についてのコミュニケーションにかかる有識者懇談会」を見てみよう。この懇談会の座長は長瀧重信氏だ。そもそもこの懇談会を設けようという政府の構想に長瀧氏が関わっていたと推測してよいだろう。その「開催要項」の「趣旨」は以下のとおりだ。

東京電力株式会社福島第一原子力発電所事故により、原子力被災者をはじめ、国民全般が、放射性物質による健康影響等に不安を感じている状況にある。こうした状況への対応について、幅広い分野の有識者の方々に自由に議論をしていただき、その参考とするため、環境大臣の私的懇談会として、「原子力被災者等との健康についてのコミュニケーションにかかる有識者懇談会」を設置する。

また、「検討内容」はこうなる。

懇談会構成員の方々のこれまでの活動や体験等について紹介いただくとともに、放射線の健康への影響にまつわる不安や住民の声について、また情報発信・共有のあり方等について議論をしていただく。

「リスク・コミュニケーション」という語を直接用いていないが、その語を強く意識したものであることは明らかだろう。この有識者懇談会の委員一四人の中には、神谷研二（福島医大副学長）、島田義也（放医研）、田中秀一（読売新聞社）、前川和彦（東大名誉教授、財団法人原子力安全研究協会研究参与）、藤原佐枝子（元放影研臨床研究部）の諸氏のように、長瀧氏に近い立場の人が多数入っていることも参考になる。

長瀧重信氏のリスク・コミュニケーション観

長瀧氏はまた、『医学のあゆみ』二三九巻一〇号（二〇一一年一二月）で二段組一五〇ページ近くに及ぶ全号特集「原発事故の健康リスクとリスク・コミュニケーション」の「特集企画者」として名を掲げている。巻頭の「はじめに」を長瀧氏は次のように結んでいる。

現在の日本の状況は当時のソ連と共通しているところも少なくない。政府の発表は信用されず、一方少しでも安全という言葉を使えば〝御用学者〟というレッテルを貼って排除し、非専門家が、様々な自分達の政治的、社会的、その他もろもろの立場からの主張を科学という衣を着せて発表し、その間違った科学をマスコミ（一部の）が宣伝しているようにみえる。この特集でいかに誠実に科学、医学を語っても、〝御用学者〟という名前を付けて、すべてに反対される可能性もないわけではない。しかしながら、われわれ専門家集団としては、国際的に科学的に正しいと認められた知識を今後も繰り返し説明し、伝え続けていくことが責務であると考える。

この問題を考えるには、一九八〇年代後半から議論され始めたリスクコミュニケーションが最重要な課題となる。冒頭にも述べたが、本特集では特に日本におけるリスクコミュニケーションを考えるうえで様々な立場から有益なご論文をいただいている。（九四三ページ）

第一章でも見たように、長瀧氏は科学的知見が多数あっては公衆が困るので、国連科学委員会（ＵＮＳＣＥＡＲ）等によって、科学的知見を国際的に合意するシステムがあるのだが、日本ではそれに従わない人が多いため混乱しているのだと述べている。「冒頭にも述べたが」というのは、そうした日本の状況を指すものだ。リスクの科学的評価は一枚岩であるべきなので、リスク・コミュニケーションとはその「正しい科学的知見」をどう伝えるかという問題だと理解されている。それに異論を唱える科学者・研究者・報道関係者はルール違反の不埒な存在ということになる。専門家の側に問題があったという自覚はまったく見えない。

「情報災害」の原因はどこにあるのか？

神谷研二氏とともに福島医大の副学長に就任し、首相官邸の原子力災害専門家グループに加わり、そのうえ福島県の放射線健康リスク管理アドバイザーとして政府と福島県の放射線健康影響情報提供や防護策立案に深く関わってきた山下俊一氏の場合はどうだろうか。山下氏は長瀧氏に長崎大学で指導を受けた弟子であり、そのリーダーシップに従って笹川チェルノブイリ医療協力事業での健康調査を担ってきた経験をもつ（第5節で詳しく述べる）。

山下氏は、同氏が拠点リーダーを務めた長崎大学グローバルCOEプログラム「放射線健康リスク制御国際戦略拠点」が二〇一二年三月に刊行した『福島原発事故――内部被ばくの真実』という書物（柴田義貞編）の「序」でこう述べている。

「放射能」「炉心溶融」「汚染」や「被ばく」などの言葉が現実的な恐怖を想起させ、原爆体験のみならず、九・一一の同時多発テロに似た感情や報道が錯綜しています。これは、放射能が単に核兵器を連想させるだけではなく、放射能が内包する危険性に関する知識が正しく理解されず、日本国民全体にリスク論的立場で普段の生活を議論する力が不足していたとも考えられます。（七―八ページ）

これについで山下氏は放射線健康影響について人々が適切な情報が得られずに苦しんだわけについて説明しようとしている、だが、そこには自らを含めた政府側の専門家の側に問題があったのではないか、との示唆はまったく出てこない。

公表された情報には信頼性が低いもの、科学的根拠が薄弱なもの、無責任に恐怖や不安を煽るものなども含まれ、情報の錯綜と混乱は東電や政府への不信感とも重なり、その深刻度を増していきました。その後も情報災害の様相は改善するどころか、福島にあっては風評被害の結果いわれなき差別や偏見に曝され、そのうえ現在も続く環境放射能汚染の地に暮らす住民の苦労は大きなものがあります。まさに錯綜する情報と不信感から、本事故の影響に関して暗澹たる不安と怒りが蓄積しています。（九ページ）

「情報災害」というなら、「直ちに健康に影響はありません」を繰り返した政府側専門家の情報提供は「情報災害」に寄与しなかったのだろうか。あるいは山下氏自身の「福島という名前は世界中に知れ渡ります。福島、福島、福島、なんでも福島。これは凄いですよ。もう広島、長崎は負けた。（中略）何もしないのに福島有名になっちゃったぞ」「放射線の影響は、実はニコニコ笑っている人には来ません。くよくよしている人に来ます」（『週刊現代』二〇一一年六月一八日号、『DAYS JAPAN』二〇一二年一〇月号、特集「告発された医師――山下俊一教授　その発言記録（一部）」参照）といった発言はどうか。

山下俊一氏の「謝罪」

もっとも山下俊一氏自身は、二〇一二年五月になって、ある弁護士の追究に対して過度の安全論の非を認めひっそりと謝罪している。六月一二日に亡くなった日隈一雄弁護士の五月一五日付けの公開質問状に対する五月三一日付けの回答においてだ。これは日隈氏のブログ（http://yamebun.weblogs.jp/my-blog/）の六月冒頭部分に掲載されている。山下俊一氏はその書面でこう述べている。

私自身が現地でお話しした内容から、一〇〇ミリシーベルト以下の安全性を強調しすぎたとのご批判と、そのために一部の県民の皆様に不安と不信感を与えたとするご指摘には、大変申し訳なく存じます。事故発生直後の非常事態における危機管理期から、その後の移行期において放射線の防護と健康リスクの説明の仕方が必ずしも円滑でなかったことは、私の未熟な点であり、謙虚に反省し、その後、自戒の上で行動しています。

これは一歩前進かもしれないが、だが誰に対して謝るべきなのか。同氏の放射線リスク・コミュニケーションのどこがどのように間違っていたのか。今一つ明らかでない。これまで非は主に国民の側にあるかのように述べてきたとすれば、それは撤回するのかどうか。こうした事柄を明らかにしなければ謝罪したことにはならないのではないだろうか。

このように山下氏の責任を問うのは、同氏が長く、福島県の、また他地域の多数住民の放射線健康影響をめぐる施策に関わる専門家の中心的存在であり、それに信頼感をもてなかった人々がきわめて多数に上るからだ。

どうしてこんな事態に陥ってしまったのか。適切な情報発信や合意形成を行うことができず、公に政府寄りの専門家側のこれまでの非を認めて、新たな合意へ向かおうとする姿勢を示すことさえできないのか。これは三・一一以前の状況を見直さないととても理解できそうにない。

2.「リスク認識が劣った日本人」という言説

「日本人の精神構造」を批判する放射線影響専門家

政府側に立つ放射線の健康影響の専門家は、年一〇〇ミリシーベルト以下では健康被害はほぼ無視してよいという発言を繰り返したが、他方、一〇〇ミリシーベルト以下でも健康被害はあり、そのためにできるだけ被ばく線量を避けるべきだという科学的知見も多い。楽観論の言説と慎重論の言説が分裂し、両者が向き合って討議する場は設けられない。政府や福島県、あるいは大手メディアは楽観論の専門家に従うよう市民に強いるばかりで、異論に応じる気配はない。しかしまったく無視しきることもできないので、言うことが首尾一貫しない。そのために多くの市民の信頼を失った。結局、放射線の健康影響については何が真実か分からないで、混乱が続いているというのが現状だ。だが、政府側の専門家たちは、それは市民が放射線のリスクについてよく理解できないためだと、市民の側に非があるかのようにみなすのを常とする。

『福島原発事故——内部被ばくの真実』の山下俊一氏による「序」についてはすでに紹介したが（一七七ページ）、この書物の編者であり、放射線の健康影響の疫学的研究の専門家である柴田義貞氏の「福島第一原発事故一周年に寄せて——あとがきに代えて」を見てみよう（同書、二〇三–二〇四ページ）。

柴田氏は「福島第一原子力発電所の事故は日本人の精神構造を改めて明らかにしたと言えないでしょうか」と述べる。「第一は、歴史に学ぶ姿勢に欠けるということです。政府による避難区域の設定は、政府の関係者がチェルノブイリ原発事故の教訓をほとんど学んでいなかったことを示しています」。情報が提示されなかったために、かえって線量の高い地域に移動してしまった人が多数出た。これは政府批判だが、専門が異なる分野については暗に政府寄りの専門家を批判している。専門家が批判されてはいるが、それは自分たちの領域ではない専門家のものであり、自分たちが批判されるのはとばっちりだとのニュアンスだ。だが、これについても柴田氏のような放射線の専門家も原発推進派の一翼を担ってきたのであって、責任を分有していないだろうか。

リスク・統計のリテラシーや論理的思考に劣る国民？

続いて柴田氏はリスク論にふれる。「第二は、確率の考え、したがってリスクの考えが、なかなか受け入れられないということです。黒か白か、安全か危険か、と二者択一を迫る傾向にあります。放射能あるいは放射線に対する異常なほどの恐怖心は科学的思考の欠如を示唆していますが、その遠因は確率の考えを受容しないことにあります」。日本人は確率の考え方が受容できない特性をもち、それは科学的志向の欠如を示すものだという。

「第三は、第二と密接に関連しますが、数字には強いが、その出自に無頓着であるということです。換言すれば、統計リテラシーに欠けているということです」。同氏は食品安全委員会の食品健康影響評価書案へのパブコメ（パブリックコメント）の評価がその証拠という。パブコメは八割が案を支持と述べていることを問題にしているが、パブコメは母数がないわけだから、八割は支持率でも何でもないのに、その数を重視してしまいます。これが日本人が統計リテラシーに欠ける証拠だという。

第四は、論理的思考が欠如しているということです。福島第一原子力発電所の事故後に起こった健康事象の原因を事故による放射線被ばくに求める例が多々みられますが、現時点ではすべてアリストテレスによって論理的に誤りとされたポスト・ホック（前後即因果）な論法です。子どもの鼻血や紫斑を放射線被ばくによる急性症状と診断した医師がいることに唖然とします。

柴田氏はこうした事柄が「日本人の精神構造」の劣った点だとするのだが、納得する人はどのぐらいいるだろうか。きわめて説得力の乏しい論述が重ねられている。柴田氏を含む専門家仲間のリスク評価と一致しない考えをもつ人が多いのに、異なるリスク評価をつきあわせて検討する場は設けられなかった。しかも専門家の言うことがコロコロかわった。そのために専門家は市民の信頼を失った。だが、この失敗の原因は主に市民の側にあったというのが、柴田氏の主張である。

「ゼロリスク」幻想にふける日本人？

次に、東大医学部の放射線科の准教授で福島原発事故後、放射線の健康影響についてやや極端な楽観論を活発に発信してきた中川恵一氏の『放射線のひみつ』（朝日出版社、二〇一一年六月）を見よう。中川氏は言う。「日本は、「ゼロリスク社会」と言われてきました。この言葉は、「リスクがない社会」ではなく、「リスクが見えにくい社会」を意味します。そもそも生き物はすべて死にますから、私たちに「リスクがない」わけがありません。放射線でがんが増えると言いますが、日本はもともと、「世界一のがん大国」。二人に一人が、がんになり、三人に一人が、がんで死にます。／放射線を含めて、リスクの存在を認め、それにどう向き合うかという課題は、「限りある時間を生きる」私たちにとって、とても大切です」（一五三ページ）。

日本人は「ゼロリスク」が当たり前という幻想にはまっているが、それを克服しなくてはならない――こういう言説がある。これは安全保障や治安の分野で言われてきたことなのだろうか。食品や環境の安全の問題や科学技術のもたらすリスクにも適用されるようになったものだろうか。新自由主義の時代に乗り遅れ、リスクを冒して起業する精神が足りないという議論に由来するのだろうか。よく分からない。

だが、国際関係や犯罪にしろ、食品・環境・科学技術にしろ、それぞれの分野で日本人が「ゼロリスク」を当然視する幻想にふけってきたという証拠はあるのだろうか。そうであったとして、そもそも日本人があらゆる側面で「リスク認識が甘い」などということが示せるだろうか。これは人文学や社会科学の領域の事柄だが、その分野の研究者の一人として私はありえないことだと思う。武道や格闘技の愛好という事実ひとつとってみても、リスクをかけて戦うことを好む態度の表れではないか。著名な冒険家も多く出ている国だし、日本人はギャンブルぎらいなどという説も聞いたことがない。

死の意識を避ける日本人？

中川氏の認識は異なるようだ。「ゼロリスク社会の中で、がん患者さんだけは、『自分の死』という最大のリスクを意識せざるを得ません。リスクなどないと『勘違い』している一般市民とがん患者の『死生観』を比較するための調査研究をしたことがあります。その結果、がん患者さんは、『あの世がある』、『死んでも生まれ変わる』などと考えない反面、『生きる意義』を感じ、『使命感』を持っていることがわかりました。リスクを意識することが、『生きる意味を深める』ことにつながるのではないかと感じました」（一五五ページ）。

この調査結果は私も見ているが、そうかんたんにこのような結論が引き出されるものではない。データの解釈のしかたに恣意性が伴うのは言うまでもないことだ。他国の調査研究も含めて、他の結果と比べてみなくてはならないし、ただひとつのこのような小さな調査から大きな結論を引き出すのは適切でない。

また、死を意識することをリスク認識と関連づけることはできようが、それをリスク認識の典型と見てよいものか。覚悟を決めて長期留学を試みる人も、株やギャンブルに大金を投ずる人もリスクを意識する傾向の人だろう。また、リスクを意識することが「生きる意味を深める」ことであるなら、放射線に侵されるリスクを意識しつつ原発事故の収束のために働いている作業員たちはもっとも「生きる意味を深め」ていることになるが、中川氏はそう考えるのだろうか。

このように危うい議論を展開しながら、言いたいことをまとめるとどうなるか。――自分たちは熟したリスク認識をすることができるが、市民はリスク認識に大きな欠陥を抱えている、ゼロリスク社会の幻想にふけり、リスクがないのが当然で安全はタダだと勘違いしている。適切にリスクを認識すれば、この程度の放射線汚染は耐えることができる、と。実際にリスクを示すことによっては説得できないので、専門外の社会心理や精神文化の領域に踏み込んで、「あなたのリスク認識は誤っている」と印象づけようとするものだ。「日本人のリスク認識」について深く理解しようとすれば、人文学や社会科学の広い知識と洞察力が必要となるだろう。そういう領域にやすやすと踏み込む医学者や放射線影響学者の知的冒険のリスクを問うてよいかもしれない。

以上は、三・一一以後、すなわち福島原発事故後になされた発言だが、こうした発言は二〇一一年に始まったものではない。以前からなされていたものだ。放射線に関するリスク・コミュニケーションを味方にしようとする考えが原発推進勢力の間で強く意識され、実行に移されていた。長崎大医学部のグローバルCOEプログラム「放射線健康リスク制御国際戦略拠点」が『リスクコミュニケーションの思想と技術』(二〇一〇年)、『リスク認知とリスクコミュニケーション』(二〇一一年)、両書を合冊した『放射線リスクコミュニケーション』(二〇一二年)を刊行しているのは、そうした動向をよく表している。だが、長崎大以前にもそうした探求はさかんになされていた。それを振り返る前に、ここで「リスク・コミュニケーション」とは何かについて、かんたんにまとめておこう。

「リスク・コミュニケーション」とは何か？

「リスク・コミュニケーション」という言葉は、科学技術のもたらす害を懸念する市民が登場してくるなかで、一九七〇年代にアメリカで提唱された（平川秀幸他『リスクコミュニケーション論』大阪大学出版会、二〇一一年）。環境汚染、食品の安全、遺伝子組み換え植物の問題など問われる事柄は次々と出てくる。だが、「なかでも大きな問題となったのは、原子力発電でした」と同書で土屋智子氏は述べている（一六八ページ）。当初から原発が主要な論題であり、「説得」や「教育」が課題と理解されていた。だが、スリーマイルやチェルノブイリの事故等を経て、事情は変化してくる。「行政・企業・専門家の信頼を低下させる深刻な事故が起きた」ためだ（一六九ページ）。

　一九八九年、アメリカの学術会議であるNational Research Council（ＮＲＣ）は、多様な分野の専門家を集めてリスクコミュニケーションを再考した結果、これまで考えられてきた説得や教育といったリスクコミュニケーションは効果がないという結論を出しました。そして、ＮＲＣが出した新しいコミュニケーションの定義は、「個人、機関、集団間での情報や意見のやりとりの相互作用過程」です。プロセスですから、何らかの結果をめざすものではありません。ＮＲＣは、リスクコミュニケーションの成功を、「リスク問題にかかわってリスクコミュニケーションをした人たちが、どちらも自分の意見が十分言えた、自分の意見は十分聞いてもらったと満足する状態ができたら成功である」と定義しました。注意していただきたいのは、十分に意見交換をしたからといって相手の気もちが変わるわけではないかもしれないし、合意に至ることもないかもしれないという点です」。（一六九―一七〇ページ）

このような新しい段階でのリスク・コミュニケーションは、日本の放射線健康影響の分野では積極的になされてこなかった。むしろ、「説得」、「教育」こそがリスク・コミュニケーションの中心的な意義であると考える人たちが、政府寄りの専門家たちであり、そのような態度で原発の立地の、また原発事故等の際の住民の懸念に対処しようとしてきた。要するにリスクの認識と評価は全面的に専門家側に握られており、それをどう受け入れさせるかがリスク・コミュニケーションの問題という古い理解である。

リスク問題習熟者との自覚による放射線健康影響の日本文化評

放射線健康影響専門家や彼らに賛同する人たちが、福島原発事故前からそのような態度をとってきた例は多い。まず、菅原努氏の『「安全」のためのリスク学入門』(昭和堂、二〇〇五年)を見よう。京都大学の医学部長をも務め、医学と生物学をまたぎながら放射線の健康影響を研究してきた菅原氏は、第二章でも見てきたように、低線量被ばくにはしきい値がありそれは生涯三七〇ミリシーベルトだとする論文の共著者でもある。

その菅原氏は、放射線健康影響の専門家としては早くからリスク問題に取り組んできたが、その著書でこう述べている。「「リスク」とは、本当は人々により心配の少ない、心豊かな生活を提供することを目的として使われるべき概念だと、私は考えています。しかし今や、その「リスク」という言葉があちこちで濫用されてしまい、かえって人々の心配や恐怖の種となってしまっています。」「こうしたリスクの概念は、元々日本にはなかったものだけに、なかなか一般的な理解が広がっていきません。「危険のことを口にすると危険が本当になる」という日本独特の「コトダマ」的感覚も、将来の危険を先取りして考えるリスクの考え方とは相容れないものと言えるでしょう」(一八―一九ページ)。

次のような論述もある。「リスクの考え方は、初めから人工の町を作ってきたアメリカでは受け入れられても、欧米以外の、古い農村を中心とする長い歴史のある地域では、何か異様な感じで受け取られても仕方がないのかもしれません。このあたりが日本の一般の人々がリスクの考え方を理解する上での障害となるように思われます」（二〇七ページ）。

根拠の薄い推論だが、日本人はリスク認識が苦手だと印象づけることによって、自らが是とするリスク認知、リスク評価が優れていることを示すのには役立つ議論と思えたのだろう。

3．放射線健康影響専門家の「安全・安心」という言説

特定非営利活動法人「安全安心科学アカデミー」

放射性物質が福島県をはじめとして東日本の広い範囲に飛散し、多くの住民が放射線の健康被害を懸念したとき、ひたすら「直ちに健康に影響はない」「安心しなさい」「不安をもってはいけない」と唱える専門家がいた。政府寄りの放射線専門家たちだ。彼らの提供する情報が、三・一一後の困難に直面している多くの日本人の力にならなかったことは、多くの人が認めている。どうして専門家はそのような言い方に固執したのか。それは三・一一以前からそのような考え方に親しみ、同様の情報発信を続けてきたからだ。原発の安全性を説く言説の一部として、放射能の健康影響はとるに足りないとする言説が強力に展開されていた。

日本人はリスク認識が劣っているという言説が広められていたことはすでに述べた。もう一つの言説はこのようなものだ。――「安全」なのに「安心」できない人たちが多い。だから、「安全」とともに「安心」をも得るような政策が必要だ。このような言説も広められていた。別の言い方をすれば、国民の誤ったリ

スク認識による「不安」を「安心」のほうへと誘導しなくてはならない。要するに国民の心を味方につけなければならないので、そのためにお金をかけ、人員を投入しなくてはならないとするものだ。

分かりやすい例として、二〇〇一年に創設された「安全安心科学アカデミー」（二〇一一年までは「安心科学アカデミー」）という特定非営利活動法人のホームページを見てみよう。ここには核融合科学研究会の委託研究報告書「低線量放射線の健康影響に関する調査」（二〇〇三年）が掲載されている。著者は、近藤宗平（大阪大学名誉教授）、米澤司郎（大阪府立先端科学研究所放射線総合科学研究センター教授）、齊藤眞弘（京都大学原子炉実験所放射線管理学分野教授）、辻本忠（財団法人電子科学研究所専務理事）の四氏の放射線健康影響・防護の専門家である。

放射線防護のための「ばかげた非倫理的出費」！

この報告書の序章は近藤宗平氏が執筆したもので、「放射線を正しく怖がろう」と題されており、次のような小見出しの下で叙述が続く。

「放射線の発見」
「X線生物作用の古典的研究」
「一九五八年国連科学委員会の決議と直線しきい値なし仮説」
「放射線の遺伝的影響は心配無用」
「適量の放射線は健康に有益」
「胎児は放射線に弱いが少しならびくともしない」
「放射線のリスクと倫理」

> 「低線量放射線リスクの再評価の動き」

最後から一つ前の「放射線のリスクと倫理」は序章の結論的な部分だが、以下のような内容だ。

> われわれは自然放射線をあびながら毎日を暮らしている。その放射線の量は世界平均で一年間に約一ミリシーベルト（ラドンの寄与は除外）である。この程度の放射線の影響は、前述の例からもわかるように、無害である。それにもかかわらず、世間にはこの程度の放射線も怖いという不安が広がっている。放射線防護の権威達は一般人の被ばく量の上限を年間一ミリシーベルトとした。そうして、世界中の国々は年間何千億ドルも費やして、この基準の維持に努めている。このような放射線恐怖症がはびこっているのはなぜだろうか？　考えられる理由にはつぎのようなものがある。
>
> ⑴広島・長崎に投下された原爆による惨状と死傷に対する心理的反応、
>
> ⑵市民の核兵器に対する恐怖心につけこむ心理作戦、
>
> ⑶過剰放射線リスクの研究を認めてもらって、研究費を得ようと奮闘している放射線研究者達の利害的関心、
>
> ⑷一般大衆の不安をあおって利益をえるニュースメディアの利害関心
>
> 現在の放射線防護規則の履行により、生命を救うという名目で出費されている金額は、ばかげているほど高額であり、非倫理的出費である。（以下、本書一五六ページ参照）

「安全であっても安心できない」人たち、とくに女性！！

原発による放射線のリスクを軽減するためになされている努力は無駄なものであり、「非倫理的出費」

だという。放射線防護の費用を軽減すれば、原発はもっと低コストになるだろうと示唆されている。また、辻本忠氏による報告書の最終章第Ⅸ章は「安心と安全」と題されており、次のように書き出されている。

ブラックボックス化する科学技術の急激な進歩の中で、公衆は「暮らしの中でのさまざまな不安を抱いている。科学技術の進歩が高度になればなるほど、専門家集団と公衆との間に大きな乖離が生じるのは必然であろう。そして、その正確な知識の欠如が時には不安を増幅し、時には誤った判断により重大な社会問題が生じてくる。放射線もその一つである。そこで、国及び企業は公衆に放射線に関する知識を正しく理解させようと、広報誌、説明会及びマスコミを通じて記者発表等が行われている。さらに、第三者機関やＰＲ機関を通じてオピニオンリーダ等を育成して、公衆の中に溶け込ませ、放射線の理解に努めている。また、学協会は独自の立場で公衆との接触を図り、放射線の理解を深めようとしている。しかし、公衆は「安全であっても安心出来ない」と言う。さらに、科学技術の不安については男性と女性では異なった反応を示す。これからは公衆の理解なくしては何事も出来ない。そこで、専門家と公衆との乖離を無くさなければならない。それには、住民の心を知る必要がある。現在、先進国においては、物質文明の時代は終わりをつげ、心の豊かさを求める時代になろうとしている。そこで、物質と心、論理と感覚のバランスの取れた時代が求められている。そこで、物事を考える脳の研究が重要になってきた。本稿は脳の構造を基に安全と安心、男と女の考え方の違いについての考察を行った。

不安が増幅するのは「正確な知識の欠如」によるものである。「安全であっても安心出来ない」人たちがいる。とくに女性がそうなりやすい。「第三者機関やＰＲ機関を通じてオピニオンリーダ等を育成して、公衆の中に溶け込ませ」、また「住民の心を知」って「専門家と公衆との乖離」をなくさなくてはならない――こういう考えが示されている。

原子力の原理を正しく教えていけば恐怖感がなくなる！！！

これは保健物理学者、辻本忠氏の執筆部分であり、同氏の特殊な考え方が混じりこんでいるが、それが通用する科学者コミュニティがここにある。「脳の構造」についての辻本氏の考えには賛成しないとしても、ここに表れている基本的な考え方は共有されているからこそ、多くの科学者が辻本氏が理事長を務めるこの団体に協力しているのだろう。安全・安心科学アカデミーのホームページにはたくさんの文章が掲載されているが、大野和子氏、丹羽太貫氏、松原純子氏、酒井一夫氏、金子正人氏、渡邊正己氏など、放射線影響協会や日本保健物理学会や政府の委員会、また東京電力の要職につくなど重い役割を負ってきた人たちの名前が度々登場している。

ホームページの「リスクコミュニケーション」という見出しの下には一九の文章が並んでいるが、その一つ辻本忠氏による「安全と安心の乖離」には次のような一節がある（図は略）。

恐怖感に対する一般生活者と原子力研究者の比較を図5に示す。両者の分布は対照的であり、原子力発電の捉え方が両者の間で全く正反対の傾向となることがわかる。この傾向より一般生活者は原子力発電に対して強い恐怖感を抱いており、この感覚が原子力発電を危険なものとみなし、それを忌避する一つの大きな要因となっている事がわかる。一般生活者に原子力の原理を正しく教えて行けば恐怖感がなくなるのではないだろうか。

きりがないのでこのくらいにするが、安全安心科学アカデミーという団体は、放射線の健康影響についてのリスク・コミュニケーションを主要な課題としているが、その際のリスク・コミュニケーションとは「安全でも安心できない」公衆を説得する、あるいは「オピニオンリーダ等を育成して、住民の中に溶け込ませ」心理誘導することと理解されている。

原子力分野、放射線の健康影響分野では、「安全・安心」という用語がこのような意味で用いられてきた。このような「安全・安心」論を妥当と考えてきた専門家たちが、三・一一以後、市民に信頼されるような情報提供ができなかったことはほとんど自明のことではないだろうか。なぜなら、安全だから安心せよと説かれてきたのに、安全ではなかったわけだから、それでも安全だと言われて、なお安心せよという指示に従う気にはなれないのが自然だからだ。

一〇から二〇ミリシーベルトの低線量被曝で小児がん増加という研究成果

「安全安心科学アカデミー」に名を連ねる専門家たちは、「安心」できない気もち（恐怖心）が「はびこる」理由を列挙してすべて非合理なものとしていたが、実際には原発事故を恐れる合理的な理由も、放射線の健康被害を恐れる合理的な理由もある。低線量被ばくによる健康被害についても、それを懸念すべき科学的データはたっぷりある。たとえば、アメリカの「電離放射線の生物影響に関する委員会」の二〇〇五年の報告（ＢＥＩＲⅦ）では、こう述べている。

放射線にしきい値があることや放射線の健康へのよい影響があることを支持する被曝者データはない。他の疫学研究も電離放射線の危険度は線量の関数であることを示している。さらに、小児がんの研究からは、胎児期や幼児期の被曝では低線量においても発がんがもたらされる可能性があることもわかっている。例えば、「オックスフォード小児がん調査」からは「一五歳までの子どもでは発がん率が四〇％増加する」ことが示されている。これがもたらされるのは、一〇から二〇ミリシーベルトの低線量被曝においてである。

このような科学的情報を学んだ市民が、一〇〇ミリシーベルト以下の低線量被ばくの健康影響に不安をもつのはまことに合理的である。不安を抱くからこそ、避難をはじめとする防護措置にも真剣に取り組むだろう。だが、「安全安心科学アカデミー」の前提は、とにかく「不安をなくす」という目標に向かっていくことである。このような言説を批判しない専門家仲間のうちにあった者が、事故後に適切な情報を提示することはなかなか期待しにくい。そして、事実、三・一一以後、「直ちに健康に影響はない」から「過剰な不安はもたない」ようにとの専門家の助言が繰り返されたのだった。

もっとも「安全・安心」という言葉は、原子力や放射線のリスクに関する領域で語られただけではなかった。それはリスク・コミュニケーションが原子力や放射線以外の領域でも大いに問題となる事柄だったのと同様だ。では、リスク・コミュニケーションの幅広い領域の中で、「安全・安心」言説はどのように用いられてきたのだろうか。

4．「安全・安心」をめぐる混迷

「不安をなくす」ことを目指す政府・科学者と市民の自由

放射線健康影響のリスクについて、その方面の専門家が市民の「不安をなくし」「安心させる」企てに意図的に取り組んできたさまを見てきた。市民がリスクを適切に認識することができず、「安全なのに安心できない」ので、さまざまな手段を用いてリスク・コミュニケーションを行い、市民のリスク認識を変えて、政府・事業者側専門家のそれを受け入れるようにしようというものだ。

政府・行政や企業が専門家とともに、市民の「安心」獲得を目指す、それこそがリスク評価の相違を、また「不安」をもつ市民と専門家の対立を克服していく主要な道だという考えだ。原子力の場合、それは「安全神話」の一部をなしていた。ある種の宗教の巧妙な布教のようであり、政府や公的機関が思想信条とは言わないまでも、評価が分かれる事柄の判断を一方的に押しつけてくるのは市民の自由の侵害になる。だが、たくさんの専門家をくみこんで、それが堂々と行われてきたのではなかったか。

これはリスク認知、リスク評価の違いを論じ合い、相違を認めた上で、公共的に討議し、合意を求めていくというやり方とはまったく異なっている。特定専門家集団の側に正しいリスク評価があり、それと異なるリスク認知、リスク評価は客観性や合理性を欠くもので、正当性をもたないとする。討議する前にそのような判断と政治的配置を決めてしまい、特定専門家側の意思を市民に押しつけられるのを当然視するものだ。だが、特定専門家に一方的に優位を与え、政府と特定専門家に都合のよいリスク評価だけを「科学的」「客観的」とするような排除の姿勢は必ずや不信を招くだろう。

「安全・安心」をセットで用いることは、そもそものような政府＝特定専門家の権威づけを含んでいる。放射線の健康影響においては、このようなリスク観、リスク・コミュニケーション観が跋扈してきた。しかもそれは、人文社会系の研究者の論によっても支えられてきた。人文社会系の研究者が原子力に限定せずに、広い範囲の問題を視野に収めて、危ういリスク・コミュニケーション論を展開してきた。そこで用いられる「安全・安心」論が原発推進側に与する放射線関係の専門家を側面から支えてきた。

これらは人文・社会系の諸分野にとって重い問題である。各分野からそれぞれの流儀にのっとって追究するとともに、科学技術をめぐる公共哲学の学際的な問いとして取り組む必要があるだろう。とりあえず私の目にとまった論考をいくつか紹介し、見通しをつけてみたい。

「安心」に力点を置く社会心理学のリスコミ論

社会心理学者の中谷内一也氏（同志社大学教授）は『リスクのモノサシ――安全・安心生活はありうるか』（NHKブックス、二〇〇六年）で、「本書はリスク情報に過剰に反応し、個人や社会がひどく混乱することを問題視するものである」という。なぜこういう問題を立てるかというと「場当たり的に過剰な対策を立て、その対策を拙速に実施することが必ずしも社会全体にとって得策とはいえないからである」。「たまたま、光を当てたからといって小さなリスクに過大な資源を投入することは税金の無駄遣いであり、その結果、光を当てられにくいが、しかし多くの被害者が想定されるリスクに対して十分な対応ができなくなるおそれがある」という（三三―三五ページ）。

これは具体的にどのような事態を指して言っているのかよく分からない。遺伝子組み換え作物を受け入れるか、食糧危機に直面するかといった類のトレードオフの問題についてなのか。ＢＳＥ（牛海綿状脳症）被害を防ぐために牛を全頭検査するかどうかというようなリスク対策のコストの話なのか、論題によって相当に異なってくる。仮に、これが原発の問題にあてはめられるとすれば、福島原発事故後の今、以上の中谷内氏の言明に対し、大いに疑問が起こるのは避けられない。

中谷内氏はまた、「政府や企業の立場では、安心という心の状態にアプローチできなければ政策や商品への支持につながらず、安全を高めるだけで満足しているわけにはいかないのである」と述べている（一三八ページ）。これもリス・クコミュニケーションを「安心」を得るための技術と見ていると受け取られかねない言い方だ。リスク評価が分かれる場合に、どうして政府や企業の立場からだけ論じなくてはならないのか。どうして「安心」のほうばかり追究されなくてはならないのか、疑問が残る。
このように中谷内氏の叙述は、リスク軽減のためのコストをかけたくない側に寄り添っている箇所が多く、潜在的に被害をこうむる可能性がある側や未来世代への責任を重んじる側の立場への配慮が乏しい感が否めない。「安全・安心」と並べる表現は、「不安をなくす」という、ある方向性をもったリスク・コミュニケーションを目指す立場に与するものであり、そのような立場性と結びついたものとなる。

「杞憂」――不安をもつのは非合理な錯覚という論

次に科学史・科学哲学の専門家である村上陽一郎氏（東京大学名誉教授）が『安全と安心の科学』（集英社新書、二〇〇五年）で展開している議論を見よう。

昔中国の杞の国の人で、天が落ちてきはしないかと気に病んだ人がいて、「杞憂《きゆう》」という根拠のない心配をすることの喩《たと》えになりましたが、この文明社会のなかでは、何が何時どう起こるか判らない、という不安に耐えて、私たちは生きていかなければならないように思われます。（二〇ページ）

なぜ、科学技術が発達した社会の問題を理解するために「杞憂」を持ち出すのか。リスクの制御には限界があるので、ゼロにはならない。だが、それをあくまでゼロにせよと主張する人たちがいるために科学技術の活用が制限されてしまう。村上氏は原子力がその典型だと言いたいようだ。実際はリスクがどれほどのものかの評価が問題だったのであり、リスクの過小評価のために対策を怠った結果が福島原発事故だった。

例えば、先ほど触れた「杞憂」という概念は、まさしくこの点を衝《つ》いていますでしょう。誰も天が崩れ落ちるという「危険」の可能性をまともに考えません。それでも、問題の杞の人の「不安」を取り除くことはできないのでしょう。

日本の現場で、このことが最も顕著に表れているのが原子力の世界ではないでしょうか。原子力発電の世界では、日本の現場のサイトで死者は一人も出していません。（中略）つまり、原子力発電の現場は、他のさまざまな現場に比べても、客観的な安全性においては優れていることはあっても、決して「より危険な」ものではありません。しかし、人々が原子力発電に抱く漠然たる不安は、どうしても払拭《ふっしょく》されません（二三三―二三四ページ）。

一九九九年のＪＯＣ臨界事故で死者が出ているが、これは核燃料加工工場のことなので、原子力発電の現場ではないということらしい。ほかにも原発で働いていた方々のうち、現場を離れてから、被ばくの影響で亡くなった作業員がいないと断言することはできないはずだ。村上氏が何を根拠に原子力発電の現場は「より危険な」ものではないと判断したのか、三・一一以後の今もそう考えるのか、聞いてみないと分からない。だが、もう一つ聞いてみたいことは、原発への不安が「杞憂」でなかったとすれば、なぜ「不安」をなくしたり、減らしたりすることを目標にしたのか、その目標は正当なものだったかということだ。

リスクを減らす行動のモチベーションとして「不安」は重要だ。リスク評価が分かれる問題に「不安」や「安心」をもつことは、それぞれの人の自由である。また、不安こそが人間自由の証である（島薗進・伊藤浩志『「不安は悪いことじゃない――脳科学と人文学が考える「こころの処方箋」」』イーストプレス、二〇一八年）。企業や政府が「リスク」そのものよりも「不安」を減らしたいと考えること自体も問題だが、なぜ専門家（科学者、研究者）はもっぱら企業や政府の側に立って市民の「不安」をなくし「安心」を獲得したいと考えたのだろうか。科学技術のリスクを考える際、「安全・安心」という枠組みに依拠することによって、そのような枠組みにたやすく陥ってしまう。そこには特定専門家こそがリスクを正しく認識・評価しており、異なる認識・評価は単なる錯誤だという錯覚があったのではないだろうか。

政府文書での「安全・安心」論の問題点

「安全・安心」論のこのような危うさは三・一一以前から見破られていた。たとえば『リスクコミュニケーション論』の共著者（一八七ページ）で科学技術社会論の研究者である平川秀幸氏（大阪大学准教授）は、『現代思想』二〇〇四年一一月号に掲載された「科学技術ガバナンスの再構築――〈安全・安心〉ブームの落とし穴」で、まずは「安全・安心ブーム」の歴史的背景を明らかにしている。このセットの使用例は九〇年代にもあるが、格段に増加するのは二〇〇〇年代に入ってからだ。ＢＳＥなどの食品汚染、個人情報流出、遺伝子組み換え作物など、また犯罪の増加なども含めて、リスク評価、リスク管理が重要な政策課題として浮上してきたという背景がある。

政府の文書では、すでに一九九二年の「第一三次国民生活審議会答申『ゆとり、安心、多様性のある国民生活を実現するための基本的な方策について』に「安全・安心」のセットが出てくるが、九六年の『国民生活白書――安全で安心な生活の再設計』では中心的な主題とされる。これが科学技術に関わる政策と密接に結びつくのは、二〇〇四年の『「安全・安心な社会の構築に資する科学技術政策に関する懇談会」報告書』だという。

平川氏は「安全・安心」を旗印とする政策は、「民主的な社会の基礎を脅かす怖れのある危険な政治的イデオロギー効果をはらんでいるのも事実である」と述べている。この危うさは科学技術政策に関わる二〇〇四年の報告書に顕著に表れているという。そこでは、「安全」と「安心」の定義がなされている。

その中で「安全」は「人とその共同体への損傷、ならびに人、組織、公共の所有物に損害がないと客観的に判断されることである」、「安心」は「個人の主観的な判断に大きく依存するものである」とされている。平川氏はこのような専門家＝客観的評価対素人＝主観的判断という区分は、専門家に権限を集中し、市民を専門家が下した客観的評価を受動的に受け入れるべき存在として位置づけることになるという。「「安全」は専門家や事業者、行政が科学的・客観的に定義、評価、確保するものであり、素人であるその他の人々は、それらの専門家や組織との信頼関係を通じて安全についての説明を受け入れることによって安心するという構図がそこにある」。

市民の判断の余地を狭める「安全／安心」論の枠組み

平川氏がさらに問題だと考えるのは、「安全／安心」が「客観／主観」の二分法だけでなく、「科学／感情」の二分法にも結び付けられることだ。『平成二一年度リスクコミュニケーション事例等調査報告書』ではこの二分法に基づき、専門家が「科学」で判断するのに住民は「感情」で判断すると述べる。そして「感情」を左右する因子として、「破滅性」（そのリスクは破滅的な結果をもたらすか）、「未知性」（そのリスクについて知ることができるか、観察可能か）、「制御可能性・自発性」（そのリスクについて自分たちで制御することが可能か）、「公平性」（そのリスクが自分たちだけに発生するリスクか）を挙げている。

しかし、「破滅性」「未知性」「制御可能性・自発性」「公平性」は、いずれもリスク評価に深く関わることであり、狭い領域の専門家だけの「科学」的「客観」的評価では制御できないことである。住民の側の反応は住民のパースペクティブからのリスク評価に基づくものであって、けっして主観や感情の表現としてだけ受け止めるべきものではない。専門家・行政側と住民・市民側のリスク評価は、それぞれに客観的認知を基盤としながらも利害関心や価値評価を含んでおり、それぞれの主観や感情や価値観も関わっている。専門家の提示するデータや評価こそが客観的と言えない場合も多い。企業活動やある種の「国益」（とされるもの）と結びつくこと、つまり科学が特定利益の追求の手段に用いられることも少なくないのであって、そのことを踏まえて公共的な討議に付されるべきものである。

結局、この二分法は「公平性や権利、責任といった人間社会の基礎的な倫理的・法的・政治的理念や、それらについての人々の判断の問題を、感情や心理の問題に還元し、コミュニケーションを、科学的に定義されて定量化されたリスクや、そのようなリスクの科学的理解の仕方を、専門家や行政、事業者の側から素人の側へと一方的に伝達（強制）するだけの営みにしてしまう」（一七一－一七二ページ）。こう平川氏は論じている。

「安全・安心」という概念枠組みを使うことで、リスクについての市民・住民の判断は取るに足らないものであり、専門家の「正しい」リスク評価をどう受け入れさせるかが課題だとの考えを人々に押しつけようとしている。そこには政治的、社会的、倫理的な関心も含まれている。だが、それを無視し「科学」こそがリスク評価の全面的な主体であるかのごとく見せかける詐術がある。平川氏のこの批判は核心をついたものだろう。

もんじゅ事故と『原子力安全白書』の「安心」論

「安全・安心」という概念枠組みの欺瞞性に気が付いたのは平川氏だけではない。原子力安全問題のエキスパートであり、「市民科学者」という立ち位置をとろうとした故高木仁三郎氏（一九三八－二〇〇〇）は、二〇〇〇年に刊行された遺著、『原発事故はなぜくりかえすのか』（岩波新書）で原発推進側が「安全」に並べて「安心」を多用するようになった経緯に注目している。高木氏によると、そのきっかけは一九九五年の「もんじゅ」の事故だった。この事故以前に書かれた一九九五年版の『原子力白書』には「安心」はまったく出てこない。ところが事故の衝撃に対応してから出された、半年後の公表になる『原子力安全白書』では、「安心」が重大な関心になり、以後、それが踏襲されていく。つまり、政府・事業者や専門家の側（推進側）のリスク評価と市民・住民の側のリスク評価が厳しく対立するようになって以後、推進側は市民・住民の「安心」を獲得するということをきわめて重要な課題と自覚し、それに取り組むようになるのだ。

高木氏はこう述べている。「彼らの定義によれば、安全というのは技術的な安全です。工学的な安全と言ってもよいかもしれません」。つまり「もんじゅ」事故が起きても人が死んだわけではないから安全は保たれた。しかし、人々を不安に陥れてしまった。「彼らが言うところの技術的安全と、国民が考える安心との間のクレディビリティ・ギャップ（credibility gap）」を問題にし、それを「広報活動によって埋める」という問題意識だった。そこでは「説明」によって切り抜けることが問題であり、事故に対する責任を自覚して安全性を問い直すという発想は抜け落ちていた。

科学技術のリスクについてさかんに「安全・安心」が言われ出すのは、平川氏が言うように二〇〇〇年代に入ってからだが、原発のリスクの領域では、すでに一九九五年の段階で「安心」の獲得が課題とされていた。それは政府・事業者・専門家の側の責任を自覚し改善の道を求めるのではなく、住民・市民の側のリスク理解の不足へと問題を押しやり、「説得」や「広報」（悪く言えば、「マインドコントロール」）に解決策を求めようとする態度と関連しあっていた。

5.「安心」こそ課題という立場が排除するもの

リスク・コミュニケーションという課題意識の高まり

福島原発事故以前に放射線の健康影響をめぐるリスク・コミュニケーション（「リスコミ」と略す）の考え方は危ういものになっていた。多くの市民（日本人）がリスク評価の能力が劣っていると考える専門家が多いことはすでに述べた(第2節)。この市民の理解力が劣っているという考えと、何よりも市民の「不安をなくし」「安心」を獲得すべきだという考え方が密接に結びついている（第3、4節)。そしてリスク・コミュニケーションの課題はリスクについて客観的な知識をもち、「安全」の客観的な評価は確保している科学者が、それをうまく理解できない市民の「安心」を得ることにある——これが「安全・安心」論の前提だ。

リスク論やリスク・コミュニケーション論は三・一一以後に初めて出てきたものではないが、それほど長い歴史があるものでもない。原子力や放射能に関わる問題に限られて述べられてきた事柄ではなく、遺伝子組み換え作物の問題とか、タミフルの副作用の問題とか、ＢＳＥ（牛海綿状脳症）に関わる牛肉の検査の問題とか、環境・食品・薬物のリスク等、さまざまな問題に関わっている。科学技術の恩恵をこうむる度合いが高まれば高まるほど、科学技術を介して生ずるリスクをどう受け止めるかが重要な問題になってくる。だからこそ「リスク社会」（ウルリッヒ・ベック）という現代社会の捉え方も可能なのだし、「リスク・コミュニケーション」が学問的な考察を要する分野として育ってきもしたのだ。

だが、科学が守る「安全」の上に市民の「安心」を得るという日本独自のリスク・コミュニケーションの議論は、一九九〇年代半ば以降のものだ。そして、こうしたリスク評価やリスコミ論の展開において、原子力と放射能の問題は特別重い意味をもっている。それはチェルノブイリ事故の衝撃が和らぐ一方、原子力ルネッサンスの動きに乗って原発推進勢力が攻勢に転じる中で展開してきたものだ。リスク論における「安全・安心」論の流行は、一九九五年の「もんじゅ」事故が大きなきっかけの一つであることを指摘した高木仁三郎氏の炯眼はさすがというべきだ。

「安全安心」論は日本だけの現象

ここでこの問題について、三・一一以後に公表されたもう一つの重要な論考にもふれておきたい。それは、二〇一一年一一月に刊行された、哲学者の加藤尚武氏（京大名誉教授）による『災害論――安全性工学への疑問』（世界思想社）の第四章「「安全」と「安心」の底にあるもの」だ。これは近代社会の前提としての「自由」の哲学的考察に力を注いできた著者による「安全安心論」批判として重要だ。

加藤氏は、まず「「安全・安心」というように二つの言葉が連なって、それが災害対策や技術の社会的な利用の条件であるかのように語られるのは、日本だけの現象で、諸外国には例を見ない」と述べる（六九ページ）。「日本だけ」の用語法――そもそもこれだけでも胡散臭いと感じるのは自然だ。「安心」は英語になりにくい、「anshin」とそのまま表記することさえあるそうだ。

加藤氏は「これは正式の法律文書には登場せず、科学技術に関連する官庁や官庁主導の報告書などに使われている」とし、法的規定からずれた用語法であることに注意を促している。そして、平川氏も指摘していたことだが、二〇〇四年の「安全・安心な社会の構築に資する科学技術政策に関する懇談会」が官庁の文書としては「最初のもの」ではないかと述べ、「「安全・安心」は、日本の技術行政の専門家が国民向けに作った概念で、法哲学的には「安全」と「安心」は区別しなければならない」と論じる（六九ページ）。

加藤氏の考察では、「安全」と「危険」は対概念で自由の不可欠の条件をなし、国家の介入が認められる領域だ。「自由主義によれば、公共機関が個人の生活に干渉してよい唯一の根拠は、“harm-to-others”（他者への危害）の防止であると定義づけられるから、その場合には、「危険」の概念を勝手に危険でないものにまで拡張すると、政府の権限をそれだけ拡張することになる。この考え方を裏返しにすれば、「安全」を「安心」にまで拡張すると、「安全」を確保することは政府の義務であることから、「安心」を確保することも政府の義務であることになり、それは政府の義務の拡張を意味することになる。これは自由主義の政府論の根幹に関わる問題である」（七〇ページ）。

加藤氏は安全・安心論の論理では、国家が国民の「安心」にまで介入することを帰結することを危惧している。事実、福島原発災害では、放射線の被害を恐れて避難しようと考えている人たちに対して、政府や福島県、また政府寄りの専門家たちが、「安心」してとどまるよう、あるいは帰るように強いる、あるいは促す姿勢が目立った。科学的な情報をめぐって住民も参加して公共的な討議を行い、それぞれの立場でリスクを評価し「安全」性を判断できるように下ごしらえをすることこそ、政府や福島県、また政府寄りの専門家たちの役割だったはずだが、そうするよりも人々の心理と判断を誘導することを目指してきているのだ。

「安心」にまで干渉する国家と民主主義

私の理解では、加藤氏は「安全」確保義務を超える要素をもつリスクの受容については、市民社会の合意を作ることによってしか解決できないが、「安心」をも国家側が保障するかのごとき姿勢をとることによって、合意形成を困難にしていることに問題があるとみなしている。ところが、学術会議の議論などを見ると「安全は技術によって保障される客観的状態であるが、安心はコミュニケーションによって獲得される主観的状態である」と理解されている、と加藤氏は言う（七四ページ）。ここではどれほどのリスクならば「安全」と見なすかは、リスクに関する「合意形成」の問題だという民主主義の根幹に関わる理解が欠けている。

したがって、「安全は客観的に定義可能であり、それについてのリスク・コミュニケーションのあり方が安心である」という型の定義は採用できない。技術者の言葉で表現すれば「安全はハードウェア、安心はソフトウェア」という言い方ができないということである。刑法の言葉で表現すれば「安全の構成要件（Tatbestand）に、リスク・コミュニケーション、合意形成が含まれる」となるだろう。（七八ページ）

以上の加藤氏の論は原子炉工学の安全問題に力点があるが、私なりに放射線健康影響問題に適用するとこうなる。長瀧重信氏、神谷研二氏らは「確率」によって示せる「安全」は科学の領域で専門家に委ねよ、その後に「安心」に関わるリスク・コミュニケーションを行って市民・住民の同意を得よ、と言う。政府や専門家が「安全」が何であるかを決めてしまえば、後はそれを伝えて安心させればよいことになる。これも政府や専門家側の任務だ。それが「リスク・コミュニケーション」であり、その方法がうまいか下手か（適切かそうでないか）ということになる。放射線健康影響の専門家は情報の伝え方が適切でなかった（政府事故調の理解）という言い方はこの立場に立っている。

以上、加藤氏の「安全・安心論」批判を私なりに整理する。（1）本来、多様なリスク評価のあり方を反映してなされるべき、「安全」についての公共的な合意形成を排除して、専門家だけで「安全」規定を行おうとする誤り。（2）その上で「客観的」と見せかけた「安全」概念を市民に強いて、さらにそれに基づく「安心」を導き出そうという、誘導的・操作的な「リスク・コミュニケーション」概念の誤り。要するに確率によって計算された「安全」は不確かなものであり（とくに原子力はそうだ）、それを踏まえてリスク・コミュニケーションと合意形成が行われるべきだが、それを省いて政府と専門家の意思を押しつけるのに「安心」概念や「安全・安心」枠組みが利用されているということだ。

「安全・安心」論という枠組みチェルノブイリ事故

第3節までで取り上げてきた、放射線健康影響についてのリスク・コミュニケーションをもう一度見直してみよう。「安心」論、「安全・安心」論への多大な注目は、この分野でどのように形成されてきたのか。日本以外では見られないような概念枠組みまで用いて、「安全」の論議は特定専門家たちの内にとどめ、「安心」誘導に多大なエネルギーが費やされてきた。誰がこのようなあやしい企てを強力に後押ししてきたのか。これはさまざまな分野がからんでいるので、単純な答は引き出しにくい。だが、放射線健康影響のリスク分野では、「安心」論、「安全・安心」論への執着の理由が見えやすい。というのは、放射線健康影響のリスク評価においてきわめて大きな意義をもつチェルノブイリ原発事故（一九八六年）の被害について、日本では住民の「不安」こそが問題だという「学説」が、政府寄り専門家により強固に打ち出され、その後、現在に至るまでその立場が固守され続けているからだ。

では、その放射線健康影響問題についての「政府寄りの専門家」とはどういう人たちを指すのか。首相官邸ホームページの「原子力災害専門家グループ」の箇所、また、日本学術会議の「放射線の健康への影響と防護分科会」の箇所を見ていただければよいだろう。だが、三・一一以後の政府や福島県の放射線対策の策定に深く関与した人物をさらに限定してくと、長瀧重信氏と山下俊一氏という師弟関係にあった長崎大学医学部の教授・名誉教授の名前が浮かんでくる。どうしてか。

原発や核実験の放射線の健康影響を研究してきた専門家の大多数は「保健物理」とよばれる分野の専門家であって、医学者ではなく物理学・化学・生物学などで訓練を受けた研究者が属する。この分野では原発の開発とともに原発による健康被害を抑えつつあまりコストをかけすぎないようにすることが主な研究課題となる。これが「原子力ムラ」に属することは明らかだ。

他方、第二章でもふれたように、医学者で原爆・原発の健康影響に関心をはらって研究してきた人はたいへん少ない。広島大学の原爆放射線医科学研究所（原医研）のような研究機関もあり、原爆や核実験の健康影響を研究してきた人々がいないわけではないが、そこでは放射線の健康リスク評価は政府や原発推進勢力に有利なものとはならない。放影研や放医研に関与するなどして、次第に政府寄りに立場を移していった医学者はいる。だが、彼らの中で、放射線による新たな健康被害について研究している専門家はほとんどいない。

笹川チェルノブイリ医療協力

ところが政府サイトからチェルノブイリ調査に加わったグループがあった。笹川記念保健協力財団の支援で一九九一年から二〇〇一年にかけて行われた「チェルノブイリ医療協力事業」であり、その中心となったのはＩＡＥＡに協力した放影研理事長の重松逸造氏、及び同氏に依頼された長崎大学の長瀧重信氏である。長瀧氏は長崎大に赴任してきから放射線による甲状腺の被害について研究していた経緯があって、米ソから政治的外向的な要請のあったこの医療協力と調査の活動に関わることになった。そして、長瀧氏の部下としてこの調査・医療協力活動に加わった数人の研究者の中に山下俊一氏がおり、長瀧氏を補佐するような地位にあった。（『笹川チェルノブイリ医療協力事業を振り返って』笹川記念保健協力財団、二〇〇六年一一ページ）

福島原発災害が起こって、どのような対策をとればよいのかというときに、まずチェルノブイリの被災者への医療支援を行ってきた人々が医学界から求められたのは自然なことだったかもしれない。だが、その際、菅谷昭《すげのや》医師（後の松本市長）のように日本での地位をなげうって、五年間被災地に滞在し当地の人々に寄り添い彼らとともに暮らしながら臨床にあたる道を選んだ医師・医学者を選ぶこともできただろう。

実際には、そうではなくアメリカ流の原爆被害調査の伝統（ＡＢＣＣ＝放影研）を受け継ぐ人たち、つまり長期間かけて大量のデータを収集することにより「科学的に価値が高い」成果を上げ、核開発の推進に役立てようという姿勢をもつ専門家がことに当たることとなった。多くの公害問題でもそうなったように、政府が協力を求めるのは被災者側に立つ専門家ではなく、統治側・加害者側に立つ専門家になる。長崎の専門家ということでそれが少し見えにくい事情があったが、そこまで考慮に入れて事態は展開していった。

福島原発災害の放射線健康影響対策では長崎大師弟が多大な権限を得て、政府や福島県の放射線対策に関わってきている。なぜそうなったのか。この両者が（１）チェルノブイリ事故の日本政府筋の医療援助の代表的存在とみなされたこと、（２）長崎大学が放射線リスク対策の最大拠点とみなされたこと、（３）政府に協力する原発＝放射線領域の専門家群の中で医学系でまとまった人員をもつのが長崎大人脈であったこと。こうした事情によるのかと推測できる。

なお長崎大では二〇〇二年より二一世紀ＣＯＥプログラム「放射線医療科学国際コンソーシアム」、二〇〇七年よりグローバルＣＯＥプログラム「放射線健康リスク制御国際戦略拠点」を行った。それぞれ五年間、多額の研究費を得て進めるものだ。グローバルＣＯＥプログラムの拠点リーダーである山下氏はこう述べている。「広島・長崎で培ってきた原爆医療の経験を、もっと直接的に社会に活かそうというもので、本学の教育・研究拠点の中核に位置付けられています」。政府は長崎大を選び、原発推進と不可分の放射線リスク制御に関する研究を委ねてきたのだ。ちなみに二一世紀ＣＯＥのスタート直後、同分野に東京電力の寄付講座が設置されるはずだった。（次節参照）。政府・電力会社双方がテコ入れすべき研究機関とみなされていたのだ。

6.「不安をなくす」ことこそ被爆地の医学者の任務という信念

チェルノブイリ医療協力と長崎大

長崎大では二一世紀ＣＯＥプログラムのスタート時の二〇〇二年、「低線量放射線の人体影響」をテーマに東京電力の寄付講座が設置されるはずだった。一度は「医歯薬学総合研究科の教授会は、東電の寄付講座開設を大多数の賛成で了承した。講座名は『国際放射線生命科学』。三年間で九千万円の提供を受け、低線量放射線の人体影響を研究するはずだったが、直後の八月に原発トラブル隠しが発覚、結局は開設を断念した」(http://www.47news.jp/47topics/tsukuru/article/post_38.html)。入金した三千万円は返金された。「原発トラブル隠し」というのは、東京電力が八〇年代後半から九〇年代前半にかけて、福島第一、第二、および柏崎刈羽の一三基の原子炉で自主点検記録虚偽記載を行っていたことが判明し、原子力安全・保安院が八月二九日に発表した出来事をさす。

これにつき山下氏は「放射線の基礎研究や安全研究を実施しようという提案だったのですが、多くの人が大反対、タイミング悪く東電の不正隠蔽問題」も露呈したために失敗と述べている。山下氏は受け入れ側の中核の一人だったのではないか。この引用文は、柴田義貞編『放射線リスクコミュニケーション』

（二〇一二年一月、一四五ページ）から引いている。「放射線の基礎研究や安全研究」というと、長瀧氏・山下氏が行ってきたような甲状腺がんに関わる研究（後述）や、電中研や放医研で行われてきたような、原発のコストを下げるのに都合がよい研究のことが思い起こされる。

長瀧氏が若手とともに長期間チェルノブイリ支援をしてきたことが、長崎大が放射線健康リスクのCOE拠点に選ばれる背景となったことは明らかだろう。法人化で国立大学はCOEのような国の特別予算や外部資金で大型予算を取らなくてはならないことになり（山下氏は「大学の存亡そのものが厳しく問われています」と述べている。『放射線リスクコミュニケーション』四ページ）、長崎大医学部（医歯薬学総合研究科）としても国や電力会社の支援を得たいという思惑があった。東電の寄付講座は挫折したものの、COEでは国の原発推進政策にそった社会貢献を求められることになる。

長崎大医学部の放射線リスク・コミュニケーションへの関心

山下氏を拠点リーダーとする長崎大のグローバルCOEプログラムは、二〇一二年三月『放射線リスクコミュニケーション』を刊行し、「リスコミ重視」を打ち出して終わっているが、それは科学者の社会貢献を意図したものという。山下氏の序文に「科学者が社会貢献を目指す場合、科学と社会とのインターフェイスが重要となります」（四ページ）とあるとおりだ。そこで、山下氏が考えるリスコミとは、医療被ばくも含めてリスク評価、管理を専門家が先導し、「国民と共に正しく共有する」（五ページ）というものだ。「リスク分析を学問の始まりとして、最終的にはリスクに対する統一見解からリスク評価、管理を国民と共に正しく共有できるメカニズムの構築も最終的にはリスクコミュニケーションとして重要な意義を有するはずです」（五ページ）。

文意がやや不明確だが、COEの成果報告資料からは、山下氏は専門家によるリスク分析を基軸とし、専門家のリスク評価を社会に受け入れさせるプロセスも「科学」として捉えたいようで、「規制科学」や「リスク・コミュニケーション」がそこに来るものと考え、二〇〇九〜一〇年度に講師を招き勉強したことが分かる。

電中研、放医研等の人々を招き、リスコミについて話し合ってまとめた成果は、柴田義貞編『放射線リスクコミュニケーション』（二〇一一年三月）で見ることができる。さらに長崎大グローバルCOEプログラムは、同じく柴田義貞編『福島原発事故――内部被ばくの真実』（二〇一二年三月）を刊行。この書の「序」も先に一部紹介したが、山下氏はこれをリスコミ学の展開と位置づけている。

『放射線リスクコミュニケーション』では所々に山下氏の発言が記録されており、リスコミについての氏の理解度が分かる。同書で講演者の木下冨雄氏が説いている科学者のリスコミ誤解（三〇-三一ページ）を思い起こさせるところがないでもない。「自然科学者は、人間は合理的存在だから、リスコミによってリスクとベネフィットを詳しく述べてやれば、市民は合理的に判断をしてくれるはずだ、いや、するべきであると誤解をしてしまうのです」というのが木下氏が専門科学者に向けて言いたいところだが、山下氏はどこまで理解したのだろうか。

山下氏自身はこう述べている。「放射能が内包する危険性に関する知識が正しく理解されず、日本国民全体にリスク論的立場で普段の生活を議論する力が不足していたとも考えられます」（『福島原発事故――内部被ばくの真実』八ページ）。放射線で混乱するのは、日本人が力不足であるためだというのが同氏の考え方の基本である。

長瀧重信氏のリスク・コミュニケーション理解

笹川チェルノブイリ医療協力事業に長期間加わり、そこから放射線健康影響の国家的研究教育拠点へと発展していった長崎大学だが、山下俊一教授に先だってその道を切りひらいてきたのは、山下氏の前任者であり甲状腺の専門家である長瀧重信氏である。これからしばらく長瀧氏のリスク・コミュニケーション観を見ていきたい。二〇一一年一二月二二日に報告書を出した「低線量被ばくのリスク管理に関するワーキンググループ」の二人の座長の一人で、もう一人の前川和彦氏よりもずっと専門が近いことからも知れるところだが、同氏は福島原発事故以後の政府の対策の中心人物である。

長瀧氏はまた現在（二〇一二年六月より）行われている「原子力被災者等との健康についてのコミュニケーションにかかる有識者懇談会」の座長でもあり、二〇一三年一一月から行われた「東京電力福島第一原子力発電所事故に伴う住民の健康管理のあり方に関する専門家会議」の座長でもあったが、二〇一六年一一月に亡くなった。では、同氏は原発災害によるリスクの評価とリスク・コミュニケーションにつき、どんな経験をもちどんな考え方をもっているのか。同氏著『原子力災害に学ぶ――放射線の健康影響とその対策』（丸善出版、二〇一二年一月刊）を見ると同氏の原発災害に関わるリスク・コミュニケーションの経験とリスク・コミュニケーションについての考え方がよく分かる。

同氏は長崎大教授として甲状腺への放射線の影響について研究蓄積がある。長崎大に赴任した後に、原爆被災者の甲状腺異常についての研究にも取り組んだ。そして、一九八七年には日本核医学会会長にもなっている。だが長瀧氏の放射線健康影響との本格的関わりはチェルノブイリ事故後である。日本政府と連携した笹川記念保健協力財団の同事故への医療協力（一九九〇年八月より）に長瀧氏が参加したことによる。この企ては笹川陽平団長、重松逸造副団長（当時、放影研理事長）が先導したもので、長瀧氏の前掲著書『原子力災害に学ぶ』とともに、『笹川チェルノブイリ医療協力事業を振り返って』（(財) 笹川記念保健協力財団、二〇〇六年 http://www.smhf.or.jp/outline/pdf/chernobyl.pdf）によってそのおおよそを知ることができる。

最初の訪問で悟った「不安こそ問題」

長瀧氏は長年、放射線影響研究所の理事長を務めたこの分野の大御所である重松逸造氏の依頼によって調査団に参加した。「重松先生は僕が学生のときには東大医学部の結核研究会の顧問で僕は学生の部長だったものですから、そのときからご指導をいただいています」というように学生以来の親しみがある関係だ（『笹川チェルノブイリ医療協力事業を振り返って』八ページ）。重松氏をリーダーとする最初の訪問では、モスクワでソ連政府要人との会議に出た。「とくに子どもの甲状腺疾患、白血病、遺伝に対する影響を心配している」、また「とくに原爆を経験した日本の学者の協力を得たいとの気持ちが随所で感じられた」（『原子力災害に学ぶ』四三ページ）という。

一行は続いてベラルーシのゴメリへ赴く。汚染地帯にあるゴメリ州立病院を訪問。病院関係者、患者、家族の声を聞く。長瀧氏はこう述べている。「ここで強く感じたのは、事故が汚染地帯住民の精神に非常に大きな影響を与えている、ということであった。」（同上、四四ページ）ここでの体験記は大いに注目すべきだ。

まず、入院している患者のほとんどはチェルノブイリ原発事故によって病気になったと信じていた。〔ある〕患者はバセドウ病であるが、原因はチェルノブイリ原発事故で、原爆の専門家の先生はすぐに治してくれると期待しているといわれた。また病院で出産した新生児の母親は、自分たちの子どもに奇形はないか、いつ白血病あるいは癌になるのか、いつまで生きられるのかなどと大きな不安に駆られており、まさに半狂乱の状態である。今まで政府の三五〇ミリシーベルトまでは安全であるとの話を信用してきたが、最近海外からの報道関係者は、この地域は汚染されており、放射線による病気でたくさんの人が亡くなり（中略）と報道している。自分たちはどうしたらよいのか。子どもだけは助けてほしい。ここで原爆の調査治療の経験のある日本の専門家が来てくれたことは本当にうれしい、本当に頼りにしていると医者冥利に尽きるほどの信頼の眼でみられたことは忘れられない。また、医療協力としてもっとも大切なことは、この住民たちの不安に応えることにあると確信した。（同上、四四ページ）

「不安こそ問題」という「確信」に科学的根拠はあるのか？

ここには、著者（長瀧氏）のリスコミ観を方向づけた一九九〇年八月の重要な経験が語られている。長瀧氏の経験の叙述から浮かぶ疑問は、まず「不安」に強い印象を受けたのは分かるが「不安こそ問題」という「確信」に医学的根拠はあったのかというものだ。バセドウ病を放射線被ばくの影響と誤解する患者のように過剰な不安があるという認識は理解できるが、しかしそれが「もっとも大切なこと」と「確信」するのは科学的、医学的な慎重さに欠けてはいないだろうか。

また、そもそも甲状腺がんのような健康への影響があったのだとすれば、不安が強かったとしてもそれは放射線の健康影響とは異なるものとしてではなく、放射線の健康影響の一部として理解すべき要素が大きいのではないか。さらに、不安こそ問題だということになれば、放射線の健康影響についての関心が弱くなり、十分な診療や検査を行う意欲も薄れてしまうだろう。事実を告げることさえ、「不安を起こす」という理由ではばかられることにもなりかねない。今引用した長瀧氏の文章には、リスク評価に予断を持ちこむことを躊躇しない態度が現れている。事実、長瀧氏は三・一一後も「不安こそ問題」という「確信」を貫き通してきている。

関連する叙述を、『原子力災害に学ぶ——放射線の健康影響とその対策』からあげておこう。第4章「東海村ＪＣＯ臨界事故――周辺住民の心のケア」の末尾にはこう述べられている。「以上の結果は、原子力災害においては、被曝線量にかかわらず、被曝の影響があるのではないかという被曝者、被害者の心配、恐怖は深刻な問題であることを示している。被害者の不安、不信への対応、安全、安心の確認は原子力災害時に全力をあげて取り組むべきもっとも重要な課題であると改めて感じたしだいである。」（同上、八〇ページ）

第5章「スリーマイル島原発事故」の末尾は次のとおりだ。「これらの被曝線量から判断して、被曝によって生じうる健康への配慮は、無視できる程度であった。周辺公衆の受けた健康上の影響の最大のものは、放射線被曝により影響よりはむしろ精神的影響であったと考えられる。」（同上、八四ページ）。

「不安をなくす」ためのリスク・コミュニケーション

チェルノブイリ医療協力にもどろう。長瀧氏はまた、次のような回顧も行っている。

「何をすべきか」については、先ほど述べた現地での経験から、医療協力としてはなによりも住民のパニックともいうべき不安状態に対応することが最重要であると考えた。そのために「何ができるか」としての調査団の結論は、人道的には親の前で子どもを診察し、少なくとも現在心配すべき病気はないと親に告げることであった。これが、一番早くこの極端な不安を取り去る方法であると考えた。またさらに、可能な限りたくさんの子どもを診察すると同時に、その診察した結果を科学的な調査結果としてまとめ、被曝の状態を明らかにし、子どもに検診を受けさせられない親たちの不安を取り除くことを目的とすべきであるということになった。（同上、四七ページ）

科学者はこれを妥当な調査方針、診療方針と考えるだろうか。「不安を取り除く」という目的がまずあり、その目的にそった調査を行うのだという。また、子どもを検診するのも「不安を取り除く」のが目的だという。原爆被災地から来た医師として、子どもを診察して他にできることはなかったのか。実際、地域社会で個々の住民たちに丁寧に向き合いながら被爆者医療に取り組んできた人たちはこれに批判的だった。だが、これについては別に述べる（たとえば広島の甲状腺専門医である武市宣雄医師で、同氏らと長瀧氏らとの対立は武市氏他『放射線被曝と甲状腺がん』（渓水社、二〇一一年）に穏やかにふれられている）。

以上が長瀧氏らがひたすら「不安をなくす」「パニックを抑える」との信念にそって行動する姿勢を固めていく経緯だが、それに拍車をかけたのは論争の的の一九九一年IAEAレポートだった（『原子力災害に学ぶ』五一―五二ページ）。重松逸造氏を委員長とする国際委員会による、このIAEAレポートをめぐる論争において、断固として重松側、IAEA側についたことが、前年のチェルノブイリとの最初の出会いの経験とともに、「不安をなくす」を基本とする長瀧氏の姿勢を一段と強めたようだ。

7．「不安をなくす」ために調べない知らせないという「医療倫理」？

調べる前知る前に「不安をなくす」ことを目標に

だが、重松委員長によるIAEAレポート（一九九一年）が出たこのときまで、長瀧氏はチェルノブイリでどれほどの診療経験、調査経験があったのだろうか。最初にチェルノブイリに赴いてから、どれほどの時間も経っていない。その間に現地に滞在した時間はほんのわずかである。したがって、調べる前知る前に「健康影響なし」の立場は決断されていた。そうとすれば、長瀧氏の著書『原子力災害に学ぶ』に見える以下の反応は何の不思議もない。

チェルノブイリ原発事故に関する最初の系統的な科学的報告書であり、現地のパニックを抑えるためにもっとも有効な情報を含む報告書であるにもかかわらず、当時の日本の報道機関は報告書に対して、「事故の影響を過小評価している」「ソ連政府の要請があったのではないか」といった批判を向けた。このような報告書が出ると支援する側の意欲をそいで支援が少なくなることを恐れるという風潮もあり、重松委員長を執拗に非難するテレビの報道、新聞の記事も少なくなかった。

支援する側の論理、感情、場合によっては自己満足と、被害者・被曝者の真に求める支援との関係、そして科学的な調査結果との関係は今も深刻な問題として残っており、本書の主題の一つである。

（五一－五二ページ）

本書第一章第5節ですでに述べたように（八四－八五ページ）国際チェルノブイリプロジェクト報告書は現地に入ったばかりの外国人科学者多数を含む調査団が、僅か一年程の間に、被災者＋対照群計一三五六人を対象に調査したものだ。そのうち被災者は約七〇〇人である。（重松逸造『日本の疫学――放射線の健康影響研究の歴史と教訓』医療科学社、二〇〇六年）。ここで注意すべきことは、（1）科学的な調査結果は一様ではないが長瀧氏は一様であるかのように言いがち、（2）支援する側の思惑と被災者の望むものを対置し激しい批判をよんだのは、わずかな調査で「放射線による健康障害はない」と断定したことから当然のことではなかったか、ということである。

不安を引き起こす情報の公表はできるだけ控える

この国際チェルノブイリプロジェクト報告書は甲状腺の被害もなしとした。この記述はその分野の専門家として重松氏を補佐した長瀧氏に大いに責任があるはずだ。長瀧氏は前掲著書（五一ページ）でＩＡＥＡ系の科学者への信頼を落としたこの報告書を全面的に擁護する叙述を行っている。長瀧氏は自らが被災者の「真に求める支援」を捉えているという口ぶりだが、これは五年間、当地に住みついて治療にあたった菅谷昭医師（現、松本市長）の記録（『チェルノブイリ診察記』晶文社、一九九八年、等）や当地の女性専門家らと長期にわたり連携しつつ調査を進めた綿貫礼子氏らの報告（『放射能汚染が未来世代に及ぼすもの』新評論、二〇一二年）と照らし合わせて受け止めるべきものだろう。

長瀧氏が「今も深刻な課題」というのは、チェルノブイリの「今」を指すのか、主に福島のことを指すのかよく分からない。たぶん後者だろうが、その意味するところは、「はじめに」に「被害者にとっては、たんに被害の事実を発表されるだけでは、世の中での差別など不利益をもたらすだけであることを自覚し、調査結果の発表が被害者の救済につながるように最大に努力してきたつもりである」（ⅱページ）とあるのが参考になる。つまり被害が起こってもそれは直ちに伝えない、公表しないこともありうる。それが差別等の原因となり、被害者の利益にならないからだという主張だ。これは真実を伝えないほうがよいと判断した場合は真実を隠すことをよしとする考え方を明示したものだ。

「不安」や「差別」につながる情報は隠してもよい。少なくとも確定的になるまでは、できるだけ公表を控えるという立場だ。「差別」については確かに考慮すべき点がある。だが、本人の健康情報は本人には伝えるべきであるし、被災者の利益のために必要な情報が「差別」や「風評被害」につながるという場合、前者が軽んじられてならないことは言うまでもない。確定的ではなくとも強く相関が疑われるような場合は、そのとおりに伝えるべきだろう。

加害者側に立つ医学者たち

だが、長瀧氏の論述にはそのような配慮は含まれていない。このように詳細にわたる情報を知ることができる医師や科学者が、患者や市民に重要な情報を伝えないとすれば不信を招くのは当然だろう。そうした姿勢のために、そして事実伝えなかったために増幅された専門家への不信に対して、専門家側の責任を認める姿勢は、チェルノブイリ医療協力についての長瀧氏の論述には見あたらない。

重松逸造『日本の疫学』と長瀧重信『原子力災害に学ぶ――放射線の健康影響とその対策』は、「不安をなくす」という第一義にそった対応を是とする立場で書かれている。そして、事実を「知らせない」ことを正当化し、情報操作を是とする考え方が度々表明されている。また、それが生む専門家への信頼喪失に対して専門家自身がその責任を認めず、あくまで自らの正当性を主張する姿勢が見える。かつて原爆や核実験の被害についてアメリカ側がとっていた姿勢が、いつしか原発災害について日本の専門家がとる姿勢へと引き継がれていく。

重松と長瀧氏のチェルノブイリへの関与は、放射線健康影響の分野で、加害者側に立つ日本の医学者の姿勢を決定的なものへと転換する作用を及ぼした。チェルノブイリに関わる最初の段階で、診療や調査の結果の科学的吟味・判断がなされる前、最初のゴメリの病院訪問の際に選択はなされていた。長瀧重信『原子力災害に学ぶ』第３章「チェルノブイリ原発事故――内部被曝と精神的影響」はそのことを率直に認めるドキュメントとして読める。

放射線と甲状腺がんの因果関係を認めない姿勢

ここからは甲状腺がんの問題に限定して見ていこう。長瀧氏と山下氏はこの分野の専門家だから、甲状腺への内部被ばくのリスク評価やリスク・コミュニケーションについての彼らの考えを調べることで、専門家としての責任についての彼らの考え方がよく分かるだろう。チェルノブイリにおいて長瀧氏は「不安をなくす」ことを至上命題として調査を行い健康被害が放射線によるものと疫学的に証明できない限り、できるだけ「認めない」という方針を立てた。甲状腺がんについても放射線との因果関係をなかなか認めなかった。

長瀧著『原子力災害に学ぶ』にそって見ていく。一九八七年の日本核医学会シンポジウムで原爆の外部被爆で甲状腺がんが増加していること、原爆後に黒い雨が降った地域で甲状腺結節が増加していたことが示された。前者は外部被ばくだが、後者は内部被ばくか外部被ばくか分からない。

チェルノブイリでも数年後には出ないだろうと考えられていた。そこでベラルーシのデミチク教授からすでに報告が出ていたにもかかわらず、一九九一年の国際チェルノブイリ・プロジェクト報告書（重松報告書）には記載されず *Nature* 誌九二年九月号で世界に知れ渡った。ＥＵの調査団に加わり長瀧氏もミンスクに行き、「肺に転移があるなど、まさに驚くべき症例提示が」あり、「信じられないくらい多数の小児甲状腺癌患者」を確認する。乳頭がんでありながら肺に転移するというのは成人では稀なので衝撃は大きかった。

しかし､それでも以下の理由で放射線が原因であるかどうかは分からないという立場が固守された。（1）ベラルーシ以外の報告がない、（2）比率を定めるための集団の母数がない、（3）放射線ヨウ素の汚染についてのデータがないので原因は放射線かどうか分からない、（4）ゴメリ市には第二次大戦中に化学工場があったので他の原因も考えなくてはならない等の解決すべき問題がある。――そこで、ミンスクの会議では、調査団の報告に、チェルノブイリ事故の後、小児甲状腺がんが増加し、その原因は事故による放射性物質である可能性が高い、また予後がいい乳頭がんだが肺に転移すると書くかどうかで意見が割れた。

EUの委員は全員賛成、米委員は全員反対、長瀧氏も反対となった。これは一九九二年一〇月のことである。

「科学的に認められていない」の危うさ

長瀧氏が「科学的に認められていない」「エビデンスがない」というのはこういう立場によるものだ。可能性が高くても、確実にこの原因と確定できなければ、放射線の影響だとする科学的証拠はないとする。このような病因特定の正確さにこだわるのは、科学の方法論の上で科学的な厳格さを尊ぶ美徳であるはずのものだ。だが、科学が市民生活と直結しているという側面を考慮に入れると、科学的慎重さにこだわるために対応がひどく遅れるという問題が生じうる。早期発見・早期治療に反しないのだろうか。その問題に長瀧氏はふれていない。「可能性が高い」となれば関連する地域の診療や調査を行うことになるわけだが、「不安をなくす」ことを重視するのが長瀧氏の立場だから、病因特定は遅くてもよいことになってしまう。

こうしたチェルノブイリでの経験の叙述のまとめに、長瀧氏が導き出しているリスコミ論的な結論めいた言葉を引く。「影響が認められない」は「影響がない」ではなく「『わからない』ということだと説明する。すると「わからないのに、なぜ安全だといえるのか」。「わからなければ、何が起こるかわからないからなお心配である」という反応が返ってくることもある」。「この「認められない」の説明しだいで混乱を誘発も鎮静もできる」(七四ページ)。そして、長瀧氏は「第一に「認められない」影響は、「認められる」影響より少ないこと」(中略)を強調することが重要であろう」と述べる(以下も参照、長瀧「はじめに」『医学のあゆみ』第二三九巻一〇号「特集:原発 健康リスクとリスク・コミュニケーション」二〇一一年一二月三日、九四〇-九四一ページ)。これは意味がよく分からない。甲状腺の場合、認められていなかった小児がんが「信じられないくらい」多かったのだ。

長瀧氏は甲状腺のことではなく、一〇〇ミリシーベルト以下の低線量被ばくによるがん死の数値のことを一〇〇ミリシーベルト以上の数値と比べて少ないと述べているのかもしれない。だが、子どもの被害は大きく、死に至らないがんもあり、がん以外の疾患の可能性についてもよく分からないのだから、一〇〇ミリシーベルト以上よりも少ないからと「鎮静できる」というのは自信過剰ではないだろうか。また、長瀧氏はここでは「科学的な論争がある」（七四ページ）ことを認めている。だが、それを社会に発表すれば混乱すると述べている。

「社会を混乱させない」の危うさ

ここで「不安をなくす」という大義名分と並んで、もう一つ「社会を混乱させない」という大義名分がもち出される。「科学的な論争が続いている場合は、社会に対しては科学的に不確実という言葉で統一して発信し、社会を混乱させない」。ここでは異論を公的な場では取り上げないことが混乱を避ける方法とされている。通常の科学のモラルとしてありえないことであり、これこそ混乱を招く原因だろう。

科学は「統一」できないし、また科学は社会を統御すべきものではない。これについては、第一章でも述べた。長瀧氏の科学論への同趣旨の批判は、影浦峡氏「「専門家」と「科学者」——科学的知見の限界を前に」（『科学』二〇一二年一月号）、影浦峡氏『信頼の条件——原発事故をめぐることば』（岩波書店、二〇一三年）にも見られる。市民生活に関わることで科学的な見解が多様であれば、それを明らかにして公共の討議に付すべきだ。それを無理矢理抑えようとすることによってこそ混乱が増幅する。

もう一つ。『原子力災害に学ぶ』一一〇ページではこう述べている。「初期には健康影響の調査よりは被曝線量の測定に重点をおくべきである。健康調査のために被曝線量の測定が遅れてはならない」。「過度の恐怖に対しては、対話（リスクコミュニケーション）により可能な限り冷静に論理的に対応しながら調査を行う。決して恐怖ばかりを強調して調査を行わない」。要するに「不安をなくす」「恐怖をなくす」ことと線量を「調査」することを優先。診療・健康調査は後回しというのが長瀧氏の考え方だ。当事者の悩みに向き合う姿勢はまったく見えない。これで当事者は安心するだろうか。福島でも長瀧氏・山下氏の系譜の医学者の主導の下、この方針が採用されている。

長瀧氏はチェルノブイリでの第一印象、「不安こそが問題」という信念にそって健康影響の可能性の公表は抑えるとの方針を立てた。また健康影響が出たらどう対処するかではなく、後年になって健康影響があったどうか（なかったとしたい）を証明するための調査を最優先すべしという。要するに長瀧氏のリスコミ方法論は、「当事者が今抱いている関心から遠い調査は行うが、診療はせず、説得により不安を除去する」というものだ。当事者の健康への配慮は後回し、あるいはよそ任せ。そしてこれが二〇一二年九月現在の福島県民健康管理調査の方法論でもある。多くの県民は安心も信用もしていない。

「何も治療ができないのでは」診療しても「心配が増えるだけ」

一九九一年以来の笹川チェルノブイリ医療協力事業を振り返る二〇〇四年一二月の座談会（「チェルノブイリ医療協力事業を振り返って」『笹川チェルノブイリ医療協力事業を振り返って』所収）で、長瀧氏は甲状腺の検査をするかしないかにつき重要な発言をしている。治療できないなら検査をしても心配が増えるだけという論を肯定的に引いているのだ。

チェルノブイリも含めまして超音波で発見された被曝による甲状腺の結節をすぐに手術するのか経過を見るのかは大きな問題です。結節 nodule が見つかった人をどうすればいいのかということです。話が飛びますが、ネヴァダの原爆実験によって放射性ヨードが米国全体に広がっていることがわかりました。それを議会で取り上げてＮＡＳ（全米科学アカデミー）が隠していたとか、いろいろな経過がありまして、出版物としてすべての調査結果を発表しています。ネヴァダの原爆実験で甲状腺がんが増えているという発表はあるのですが、スクリーニングをやって見つかったときに臨床的にどうするかという結論が出ていない段階ではスクリーニングをやるべきではないと述べられています。米国的に考えると、スクリーニングでnoduleがありますというだけで何も治療ができないのでは心配が増えるだけなので、スクリーニングはやらないほうがよいというものです。

このような被曝と甲状腺でもっとも重要な問題に挑戦しまして、今、長崎では一〇年前に長崎でやったスクリーニングを同じ規模でやっています。そうするとnoduleのある人からがんが出た割合はコントロールに比べ二〇倍も多いことがわかりました。

原爆でもチェルノブイリでも大切なことで話題になっていますのが精神的影響です。実際にチェルノブイリの発表でも精神的影響が増えています。

先ほどお話した中国が原発をつくるときのシンポジウムでは、日本のデータがヒステリーと表現されました。精神的な問題は被害にはならなかったのです。日本でもそのとおりでしたが、阪神・淡路大震災のときから始まって、バスのハイジャック《（原文ママ）》などがあって、精神的影響という言葉が新聞にも出るようになりました。そして去年ですけれども、精神的影響が長崎の被曝者に関しては正式に被曝地域の議論の中で認められたのです。精神的な被害を国は保障するというので米国大使館の精神科の医者からいろいろと質問されました。（一二三ページ）

「不安をなくす」ために情報を隠すことの帰結

甲状腺の結節（nodule）はがんに発展する可能性がある。だがアメリカのネヴァダの甲状腺被害の例にならうなら、何も治療措置をとれないのであれば、調べることさえしないほうがよいと長瀧氏は示唆する。そしてそのことと「精神的影響」のほうに注意を払うべきだという持論を結びつける。治療法がない場合には、病気であっても本人に知らせないほうがよいという。治療法がないという断定も問題だし、本人に知らせないことも医療倫理の基本からはずれている。長瀧氏はたいへん狭い科学者共同体の範囲で独自に特殊な倫理論を作ってきたのだろうが、医療倫理の基本にはずれた我流であり、これは普通の大学の機関内生命倫理委員会でも通らないだろう。少なくともごく限定された条件の下でのみ認められる議論である。

以下、私の感想を述べる。がんになったら早く取るか、抑える治療法を試みうるはずだ。肺やリンパ節への転移が転移が多いのであれば、それの早期発見や早期治療も望ましいはずだ。しかし、長瀧氏はここで「精神的影響」に固執する。つまり、心配を招くような検査はしないほうがよいと示唆する。検査をしても真実は伝えないほうがよいとの考えが垣間見える。長瀧氏はそう明言していないが、その考えがうかがえる語り口だ。

「精神的影響」を重んじる、つまり「不安をなくす」ことに高い優先権を与えると情報の隠蔽は正当化される。だがいつまでも隠せないので当事者はいつか隠されたものを知る。そして専門家への怒りと不信感を募らせる。それが繰り返されてきた。そう考えないと、現在、世界各地で見られる放射線被害をめぐる紛争と、核保有国や日本の放射線影響専門家に対する、世界各地のきわめて多数の市民の不信は説明がつかない。

8．リスク管理の専門家はリスコミをどう理解してきたのか？

チェルノブイリで被災住民を安心させた経験とは？

長瀧氏の指導の下、その「手足となって」働いた（左記資料での山下氏自身の弁）山下氏も師と同様、とにかく住民を「安心させる」ことを至上命題としてチェルノブイリでの検査・調査にあたった。「すぐに感謝されたのは……セシウム一三七をホールボディカウンターで測定して、その体内被曝を心配しないでよいと子供たちや親たちに知らせてからです」（座談会「チェルノブイリ医療協力事業を振り返って」二〇〇四年一二月（『笹川チェルノブイリ医療協力事業を振り返る』、一七－一八ページ）で山下氏はこう発言している。「そこではじめて現場は安心するのです。それしか現場ではすぐに結果が出ないのです。ですから、まずは心配要らないと伝えられることがまず第一ですね」（一八ページ）。

この論理は分かりにくい。晩発性の影響の場合、事故から遠くない時期に調査をしても成果は出にくい。だが、「結果が出ない」と言えるだろうか。被災地と対照地域とを比較すれば、比較的早い時期でも分かることがあるかもしれない。たとえば、甲状腺の異常や血液検査で汚染地域とそうでない地域の差が出ることは十分、考えられる。それに基づいて対策をとることができる可能性もないと決め付けることはできない。被害について多くの報告があるのだから、汚染地域の住民を守るためのさまざまな診療や調査がなされてしかるべきであろう。

チェルノブイリの内部被ばくは福島事故後のそれよりもだいぶ高かったと主張する日本の科学者もいる（たとえば東大理学部の早野龍五教授）。だが、そもそもチェルノブイリ調査で分かっていることは多くない。チェルノブイリ調査の際、日本側は放射線の内部被ばくについての研究蓄積はもっていなかった。原爆の被害について放影研では内部被ばくによる害はありえないという前提で研究が進められてきており、研究蓄積はわずかだった。ホールボディカウンターによる調査も不確かさを免れなかったと考えられている。

にもかかわらず、チェルノブイリでのホールボディカウンターによる内部被ばく検査によって、山下氏らは危険は小さいと述べていたらしい。何を根拠に「安全」と述べたのか。根拠はなくても医師が「被害はない」と述べることで、地域住民の「不安をなくす」ことができ、それこそがもっとも重要な医師の役割だ――長瀧氏に従って山下氏もそう考えているようだ。

だが、そのような確言は反証されてしまうことがある。事実、その後、内部被ばく由来と思われる甲状腺がんが多数見つかることになった。実は、山下氏はその一方で甲状腺が疑われる子どもの触診をしていた。「とんでもないことが現地では起きているのではないかと漠然とした不安がありました」（一八ページ）と山下氏は述べている。山下氏は医師としての科学的知見からは「不安」をもっていたのに、心理的な配慮から現地の人々には「心配要らない」と伝えたらしい。このような情報の隠蔽は限りなく虚偽に近づいていくが、「不安をなくす」「精神的影響」に配慮するという理由によって正当化されてしまう。

長崎大が課題としたリスク・コミュニケーション

長崎大は柴田義貞編『放射線リスク・コミュニケーション』（長崎大、二〇一二年）を刊行している。そこに収録された土屋智子氏の講演の質疑応答で、山下氏はこう述べている。

我々も広島・長崎から来たというだけで住民は信頼してくれました。被災者に対する目はお母さん達の心配であり、自分達の子どもがいつがんになるか分からないのです。彼らが汚染地に生きて安心できるためには、広島・長崎の力は大きいのです。（一四五ページ）

山下氏は「心配ない」と言って「安心させた」と述べているが、実際には科学的な所見をそのまま述べたわけではなく、「信頼」を利用し「安心」を得させるために科学に基づかずにそうしたことを半ば告白している。

山下氏が「心配ない」と述べた相手の人が、後で放射線由来が疑われる症状（たとえば甲状腺がん）に罹患しているかもしれないと想像できる。彼らはどう感じているのだろうか。なお広島・長崎の名の神通力が効を奏するのだろうか。少なくとも「広島・長崎から来たから安心させられる」との山下氏の考えは福島ではまったく通用していない。

同じ『放射線リスク・コミュニケーション』収載の座談会で、山下俊一氏は「リスクコミュニケーションのファイナルなゴールは何か」についてこう語っている。

原発の場合は安全説明ということも当然ながら、原子力発電所を増やしたいという大きなバイアスが、あるいはそういうものが見え隠れしてくる。それをパブリックがどう理解し、やっぱり原発は必要なんだということにコンセンサスをコミュニケーションでどうとっていくのかが非常に大きいと思います。（四一七ページ）

この本には原発に関わるリスク・コミュニケーションの困難を指摘しつつそれを長崎大が引き受けようとの姿勢がよく出ている。——原発をめぐり両極化する論議をどう超えていくのか。放射線リスクの世界基準を提供してきた広島・長崎で中立的な評価の組織を作ればよい。広島や長崎が被害者だからこそ信頼できるということを利用した第三者機関を作ればよいのではないか——こんな案を提示してもいる。

広島・長崎の被曝をした地域の声を代表して、そういうことをやる研究所を作ることによって、それがひいては第三者的に地域住民に対して、あるいは国民や世界に対して公平な情報を発信できる機関になります。

原発推進を望むのだが被害者の立場なので信頼を得られるとの構想だろう。これはかなり甘い発想だ。山下氏や長崎大医学部の関係者は原発安全論の立場であると見なす人が圧倒的に多い。三・一一以後のかなり早い時期に、そのことは明白になってしまった。

「原子力という科学の光、力を利用してより良い世界を」

山下氏は原発推進側に立つからこそこのグローバルＣＯＥの拠点リーダーを託されてきているわけで、原発推進側でない第三者と主張するのは相当に無理がある。もちろん日本の原発推進勢力と政府は山下氏のそうした立場を前提に、長崎大にリスク制御の拠点としようとしてきた。先にも述べたように東京電力はそこに寄附講座を設けようとしたのだが、たいへん分かりやすい判断材料だ。事実、山下氏は『放射線リスクコミュニケーション』と題されたこの本で、原子力開発を推し進めるべきだという考えを堂々と語っている（四二三–四二四ページ）。

原子力の問題が出たときには、昭和二〇年の一〇月に書かれた永井隆の原爆救護報告書の最後の一文を述べるようにしています。理由は、永井隆が戦争で二〇〇名近い被曝者の救護報告書を書いた最後の纏めの結辞のところに、「祖国は敗れた。全てがもう壊滅状態になった」ということを述べた後に、「これは日本人が犯した罪に対する一つの罰である」「日本人は科学というものを軽視したがために科学の力によって原爆というものが相手国に先に開発されて日本はこういうふうに敗れた」ということを書いていています。竹やりでやっても戦争なんか勝てんぞと、であればこそ、この亡くなった方々のためにも、原子力という科学の光、力を利用してより良い世界を作って行くべきだ、ということを彼はその当時既に書いているのです。

これは永井隆氏が長崎医科大学学長宛に提出した「原子爆弾救護報告書」(http://abomb.med.nagasaki-u.ac.jp/abcenter/nagai/index.html)の末尾を指している。カトリック教徒の医師、永井隆氏(一九〇八―五一)は結核の検査のために放射線を多用して、長崎原爆投下のとき、すでに自ら白血病を病んでいた。だが、当時の長崎医専の助教授として被爆者の救護に献身的に尽くし、後に『長崎の鐘』『この子を残して』などの著書も残した。「原子爆弾救護報告書」は原爆投下直後から一〇月までの救護について述べたものだ。そこで、永井隆氏は以下のように述べている。

すべては終った。祖国は敗れた。吾大学は消滅し吾教室は烏有に帰した。余等亦夫々傷《きずつ》き倒れた。住むべき家は焼け、着る物も失われ、家族は死傷した。今更何を云わんやである。唯願う処はかかる悲劇を再び人類が演じたくない。原子爆弾の原理を利用し、これを動力源として、文化に貢献出来る如く更に一層の研究を進めたい。転禍為福。世界の文明形態は原子エネルギーの利用により一変するにきまっている。そうして新しい幸福な世界が作られるならば、多数犠牲者の霊も亦慰められるであろう。

山下氏は敗戦直後の永井隆氏の言葉を、原発推進に都合よく解釈している。これから分かるのは、山下氏と他の長崎大の関係者に共有された考え方だ。原爆被災地であることを背景に平和運動とは切り離して、原発推進に協力し長崎大の発展を目指すという戦略をとるということだ。これは八〇年代後半以降に熾烈化していく大学のサバイバル競争と関連する。背景にチェルノブイリ支援で「大きな成果をあげた」（少なくとも原発推進の政官財学報各界の立場からは）という実績を誇示し、それを掲げて放射線リスク制御問題を看板部門として大学発展の戦略を立てていこうとするものだ。

リスク・コミュニケーションが課題とされた理由

そもそも『放射線リスクコミュニケーション』は、放射線リスク制御という枠組みの中で、原子力推進のためのリスコミに取り組み社会に貢献するという長崎大医学系（医歯薬系）の中心戦略を、山下氏が牽引するという方針に基づくものだ。同書の中でも、山下氏はそのことを意識した発言を繰り返している。まず、日本人の誤ったリスク観を克服することを課題とし、それを「安心」を確保することと理解している。「長崎大学の中期目標中期計画という中で、「地球と人間の安全と安心を確保する」という大きな命題に」取り組むのだという（三九六ページ）。

これは二〇一〇年一二月に行われた座談会「放射線リスクを語る」での発言だが、山下氏は「「地球と人間の安全と安心を確保する」という大きな命題」にそって長崎大はリスコミに取り組んでいると述べている。「より大学は放射線のノウハウを社会に還元すべきだ」との「中間評価」を受けてのことだとも述べている。二〇〇〇年代に各大学が取り組んだＣＯＥでは「中間評価」が大きな力をもった。公的資金の継続獲得の重要な材料になるからだ。ＣＯＥによって科学・学術が「社会還元」の姿勢を強めることを求められたが、長崎大の場合、それは産業界の意思を背負い国策としての原発推進への協力を進めていくことを意味するものでもあった。そしてこうした長崎大の原発推進への協力体制は一九九一年以来の長瀧教授のチェルノブイリ支援によって方向づけられていた。

山下氏はリスコミについてなにを学んだのか？

山下氏のリスコミ取り組みの背景を述べてきたが、では、山下氏はリスコミに取り組んで何を学んだのか。まず、強調されているのは日本人はリスク理解が劣っているということだ。ではそれをどうやって克服するのか。

「チェルノブイリ原発の事故が起こって、『ほーら危険がいっぱいだ』とか、『現代社会が危険なんだ』とか騒がれ始めました。それがイコールリスクなんだという、そういうふうな『リスク＝危険』という刷込み現象」があったと山下氏はいう（四〇〇ページ）。だからＣＯＥでは「算術や確率論という概念で起こる事象の頻度の多さ低さと事象の大きさ、つまり規模の大きさを積で表して、こういうのをきちんとリスクとして認識し教育する場の提供です」（四〇一ページ）。

山下氏はリスク認識が劣った日本人にリスク認識を教えることが、リスク・コミュニケーションの主要な課題であり、長崎大のＣＯＥの任務であるとする。またそれによって「リスク」というと「危険」と捉え、それを怖れる日本人を安心させることに貢献できると述べる。教えるべきことの要点については、「科学的にリスクをそれぞれ数値化する、あるいはリスク間のバーターというふうな概念を学生に教えるのは非常に難しいんですね」（四〇一ページ）と言いこう続ける。

というので（中略）我々は放射線が専門ですから、横軸に線量そして縦軸に障害の程度や精度という、後で述べますけども相関関係が重要となります。当然、線量依存性に癌が起こる、どこかに閾値があるかないかという問題などは、極めて数学というか算術の問題ですね。寄与リスクとかの名称が出てきて、その辺になってくると一般の人は all or nothing に考えるから、分かりづらい（中略）。これ日本独特なんでしょうか。そういう科学に弱い文化が既に日本に定着しているのではないかという大前提を持っています。（四〇一ページ）

山下氏は日本人批判をさらに拡充していく。少し後のところでは、日本ではインフォームドコンセントが難しいという（四〇六ページ）。日本では患者側が意思表示できないのでインフォームドコンセントの際のリスコミもうまくいかないという。脳死臓器移植が進まないこともこれと関連しているという。

リスクコミュニケーションを医療の現場で導入するというのは、こういう文化が熟成していない中ではむしろ危険ではないかとさえ言えます。リスクのリスクという最大の理由、正に柴田先生がおっしゃった受動的な国民性で、リスクを受けることに対して、補償とか怖さの軽減とかを期待する気持ちが非常に強くて、それを自分が受け入れて、それに対するリスクの代わりにベネフィットをとるんだというふうなバーターをする考えが乏しいと言えます。いわゆる「リスク＝選択」という考えはないようです。（四〇六ページ）

専門家のリスク論を理解できない日本人は算術に弱いだけでなく、リスクを引き受けるという能動性にも欠けるのだという。

相互性を欠いたリスク・コミュニケーションの限界

座談会「放射線リスクを語る」の発言を私なりにまとめると、山下氏にとって、リスコミとは（1）日本市民に「算術」を教え科学的リスク論を習得させ安心を得させる、また（2）リスク選択的な思考法に慣れさせることだが、これは容易でない――となる。リスク評価の正しい知識の材料はすべて専門家の側にあり、リスク評価ができない公衆にそれを教え諭すこと――このような考え方で放射線健康影響についてのリスク・コミュニケーションはうまく進むだろうか。

ここで、現在、広く通用しているリスク・コミュニケーションの定義を示そう。吉川肇子《きっかわとしこ》「リスク・コミュニケーション」（中谷内一也編『リスクの社会心理学』有斐閣、二〇一二年、二〇一ページ）は一九八九年の全米研究評議会（National Research Council）によるものが標準的だという。

リスク・コミュニケーションとは、個人、集団、機関の間における情報や意見のやりとりの相互作用過程である。それは、リスクの性質についての多様なメッセージと、その他の（厳密にいえばリスクについてとは限らない）リスク・メッセージやリスク・マネジメントのための法律や制度に対する、関心・意見・反応を表すメッセージとを含む。

狭い意味でのリスク情報に限らず、リスク管理（マネジメント）に関わる法律や制度なども含めた多様な情報（メッセージ）をめぐって、相互作用的に、つまりは双方向的に行われるものである。特定分野の科学者が一方的な情報（メッセージ）伝達の主体となるという見方はまったく否定されている。吉川氏は「この定義に「（やりとりの）相互作用的過程」とあるように、リスク・コミュニケーションは人々がお互いに働きかけ合い、影響を及ぼし合いながら行われる」ものであることを強調している。

相互性を欠いたリスク・コミュニケーションは失敗を免れない。代償はさわめて大きな不信である。福島原発災害後の放射線健康影響について起こったのは、まさにそうした失敗だった。だが、それを招いたのは山下氏一人ではない。広島・長崎の原爆調査を踏まえて重松氏や長瀧氏らの主導したチェルノブイリ調査の中で養われたものがあり、九〇年代後半から二〇〇〇年代にかけてまずは原発推進者たちが培い、次いで諸分野のリスク論者が広めていったリスコミ観が背景にある。これについてはこの章の前節までに見てきたとおりだ。

そして、それは、政財官界が望む経済発展に寄与する科学技術という方向づけに対して、（1）距離をとって科学・学術の自律性を保持すること、（2）科学技術を方向づける倫理性や文化的ビジョンを尊ぶこと、また、（3）現在と近未来の経済利益だけでなく不可測の事態や未来世代を視野に入れることがうまくできなかった科学者・研究者たち、ひいては日本の学術界によってあと押しされ、固められていったのだった。

終章　科学者が原発推進路線に組み込まれていく歴史

1．被災住民の思いから遠い科学者たち

福島県県民健康管理調査の失態

インターネットで「首相官邸災害対策ページ」の「原子力災害専門家グループ」を探すと、放射線健康影響の専門家の文章が掲載されている。ここでは二〇一一年九月一三日の第一五回を見よう。「新たな使命を与えられた福島県立医科大学――災害に強い持続的社会の拠点、復興の世界的拠点として」と題されたもので、山下俊一氏と神谷研二氏が執筆している。その内容は、福島県県民健康管理調査に関するものだ。最初の見出しは「『いのちの見守り』の推進母体に」とある。

福島県では、放射線の影響を踏まえた将来にわたる健康管理のため、全県民を対象とした「県民健康管理調査」が実施されています。そこにおいては、まず、被ばく線量を推定する為に、事故後の行動調査についての聞き取り調査（基本調査）が行われています。この調査は、六月三〇日から先行地域二万八千人を対象に始まり、八月二八日からは全県民約二〇〇万人に対象を拡大して本格的に行われています。

このような調査は、福島におけるいわば『いのちの見守り』ともいえる大事業の一環ですが、今後長く続けられるこの大事業の推進母体となっているのが、公立大学法人福島県立医科大学です。

この県民健康管理調査の「検討委員会」で事前に「秘密会」が開かれていたと報道されたのは、ほぼ一年後の二〇一二年一〇月三日のことだった（毎日新聞）。この「秘密会」は約一年半にわたり開かれ続けた。「秘密会」は別会場で開いて配布資料は回収し、出席者に県が口止めするほど「保秘」を徹底したものだったという（日野行介『福島原発事故　県民健康管理調査の闇』岩波書店、二〇一三年）。

どうして「秘密会」を開き、会議の進行を打ち合せ、情報がもれるのを隠すようなことをしなければならなかったのか。これについては述べるべきことが多いが、ここでは「基本調査」の目的は何なのかという点にしぼって述べよう。医療ガバナンス学会のメールマガジンの六〇二号（二〇一二年九月一二日）で私は次のような問いを投げかけていた。以下に引用する。

福島県県民健康管理調査はこれでよいのか？

福島県の県民健康管理調査は地元の住民から多くの疑念をもたれている。医師・医療従事者と多くの患者・受診者の間に、信頼に根ざした関係が成り立っていない。これでは医療の基盤が崩れており問題が大きい。甲状腺の検査についてはメディアで取り上げられ、ある程度知られているが、それだけではない。まず「基本調査」についての疑問を述べよう。概要については福島県県民健康管理調査のホームページを見ていただきたい。

「基本調査」は全県民を対象としたもので「外部被ばく線量推計」とも記されている。そして、「原発事故に関して、空間線量が最も高かった時期（震災後七月一一日までの四ヶ月間）における外部被ばく線量を県民一人一人の行動記録を基に推計、把握し、将来にわたる県民の健康の維持、増進につなげていくことを目的に実施している」と述べられている。

だが、二〇一二年三月三一日の段階で、回収率は二一・九％とたいへん低い。なぜ、低いのか。これに答えることが健康維持・増進にどう結びつくのかよく分からないからだろう。では、この調査の目的は何だろうか。ページの下の方に「調査の目的」についての動画があり、その内容はA＝お母さんとB＝説明者のコントだ。

B　今回の原発事故はまさに未曾有の出来事でしたが、この調査は県が今後行っていく健康管理のスタート・基礎になるんです。この調査の中に行動記録というのがあるんですが、これが今現在、皆さまが外から浴びた被ばく線量を知るための唯一のデータになるんです。

A　これに記入して提出すれば、被ばく線量の推定をしてもらえて、これから先長いこと健康を見守ってもらえるのね。記入するのは面倒だと思ったけど、そんなに大事なものならしっかり書かなくっちゃ。

B　もし回答しなくても、皆さまの不利益になるものではありません。

A　でも、記入する方がしないよりもいいことが多いわよね。自分のためはもちろんだけど、小さい子どものためにも、家族の安心のためにも必要ね。ぜひ書かせていただきます。

この対話（コント）で何が目的だか分かるだろうか。なぜ、「健康管理のスタート・基礎」になるのか。「この程度の被ばくでは影響は出ない」という主旨のことが繰り返し書かれている。それなら調査は不要ではないか。「家族の安心のためにも」とある。調査結果が送られてくると、線量が少なかったことが分かって「安心」するということだろう。安心するほど少ないなら、どうして「健康管理のスタート・基礎」であり、「そんなに大事」なのだろうか。

福島県県民健康管理調査はこれでよいのか？（続）

「健康を見守る」というが、健康にあまり影響がないはずのデータを「基本調査」とすることがどうして「大事」なのか。そもそも記入しなくても「皆さまの不利益になるものではありません」と言いながら、「でも、記入する方がしないよりもいいことが多いわよね」というのもよく分からない。実際、これを書き込むことでどんな利益があるのかよく分からない。線量が低いということなら、放射線との因果関係は否定されてしまうわけだから、被ばくによる被害をめぐる訴訟が起こったときには不利な材料になってしまうかもしれないではないか。

これは首相官邸ホームページの「原子力災害専門グループからのコメント」の第一五回（二〇一一年九月一三日）とともに、第二二回（二〇一二年三月一四日）に掲載されている山下俊一氏と神谷研二氏の共同執筆の文章、「福島県『県民健康管理調査』の今とこれから」から得られる印象とも一致する。

前者ではこの調査は「福島におけるいわば『いのちの見守り』ともいえる大事業の一環」だと述べている。「いのちの見守り」という標語はあちこちに掲げられているものだが、それは県民各自の健康維持・増進にどう役立つのか。これについてはまったく述べられていない。

後者には「今後も、この基本調査から得られた線量推定値を健康管理に活かすと共に、問診票記入の支援などをさらに充実させて、検診による健康管理を推進し、多くの方々の不安解消に努めていきたいと考えています」とある。これを見ると「不安解消」という目的があることは分かる。だが、放射線量を知るための問診票と個々人の健康維持のための検診とがどう関わるのかはよく分からない。もし、かつての行動記録を細かく調べるようなことが必要なほど、放射線の影響の微妙な違いが重要だというのなら、それが分かるようにしてほしいと感じるのではないだろうか。

福島県や福島医大は、「基本調査」の目的は疫学調査にあることを明示すべきだ。その踏査自体は個々人の健康維持ではなく、数量的なデータの取得に主たる目的があり、それを診療に生かすことができるのはだいぶ先で、場合によっては数十年先であるかもしれないことも明らかにすべきではないか。その上で、被調査者個々人にどのような利益があるのか、あるいはないのか、不利益になる可能性はないのか、説明すべきだろう。その場合、そもそも放射線の影響がないということを示し不安をなくしたいということが目的であるのであれば、それはできるだけ補償を減らしたい側の利益になるとしても、放射線の健康影響を懸念する被調査者の利益に反する可能性があることをも自覚すべきだろう。「いのちの見守り」という感触がよい標語ではぐらかすのではますます不信が増幅してしまうばかりである。

以上で、引用は終わりである。

福島県県民健康管理調査は県民に安心をもたらすどころか、放射線健康影響専門家・科学者への信頼喪失を一段と深刻なものにするのに貢献してきたと言わねばならない。これはこの領域の医学者が、「調査はするが治療はしない」という姿勢をもっていることと深い関わりがある。これは一九五〇年に始まるABCC（原爆傷害調査委員会）の方針がここにまで引き継がれていることを示すものだ。また、チェルノブイリでそうだったように、もっぱら「不安をなくす」という目標を掲げることによって、かえって住民の信頼を失うという愚を繰り返していることを示すものでもある。

福島県県民健康管理調査は、「秘密会」問題で厳しい批判を浴び、二〇一三年には、発足以来、検討委員会の座長を務めていた山下俊一氏らが辞任し、体制を一新せざるをえなかった。そして、二〇一四年には名称を福島県県民健康調査に改めることになる。

事故当時一八歳以下の青少年と子どもを対象とした甲状腺がんの検査では、多くの科学者が多発を認め、線量の地域差との相関も見られ、放射線健康影響が疑われるとの有力な見解も提示された。二〇一五年には、岡山大学医学部の津田敏秀教授による、「二〇一一年から二〇一四年の間に福島県の一八歳以下の県民から超音波エコーにより検出された甲状腺がん」と題された論文が、国際環境疫学会が発行する医学雑誌『エピデミオロジー（疫学）』に掲載された。だが、その後、福島県県民健康調査の検討委員会では、甲状腺がんは多発ではなく過剰診断ではないかと示唆する委員の発言が増え、地域差を検証するためのデータは提示されなくなっていった。

政府・東電と放射線健康影響専門家

三・一一後の早い時期より多くの住民は、政府・福島県と電力会社が情報を隠し、住民の健康を二の次にしていると感じてきた。政府・福島県と電力会社は放射能被害を避けたい被災地域住民の側に立つよりも、補償を少なくするとともに既存の経済体制を守る方向で動いている——そう感じざるをえなかったのだ。『国会事故調報告書』はそうした住民の疑いが根拠のないものではなかったことを示している。序章で述べたように、そこでは「政府や電力会社は放射線のリスクをどう伝えてきたか」との問題を立て、事故前も事故後も大いに適切性を欠いていたことが指摘されている。

だが、本書で示してきたように、その背後には科学者・専門家がいる。放射線影響（保健物理）専門家、核医学者、あるいはその周辺領域の研究者らが事故後、政府・東電の立場を支え、放射線の健康影響は小さいという判断に傾斜した立場で助言したり、政策立案に関わったり、情報提示してきた。そのことによって、住民の福利に反する判断や情報提示が多々なされることになった。

本書の第一章から第三章までの叙述は、こうした問題について、放射線影響に関わる科学者・専門家、そしてその周辺の学界に大いに責任があると言わざるをえないことを示してきたつもりだ。こうした経緯を踏まえれば、福島県県民健康調査が福島県民の信頼を得られないのは、むしろ当然と言うべきかもしれない。

2．放射線健康影響の専門家を取り巻く環境の推移

この分野の歴史の重要性

なぜこのような事態が生じてしまったのか。福島県県民健康管理調査では、初めの二年ほど山下俊一氏が座長となって検討委員会が行われたが、そこには放影研や放医研からも日本学術会議からも委員が入っていた。春日文子日本学術会議副会長も委員の一人だったが、新聞のスクープがあるまで、「秘密会」を奇異とは思わなかったらしい。多数派の放射線影響専門家群だけでなく、広く日本の学界もこれを批判できず、むしろ支持していたかに見える。

国民の生活に重大な関わりをもつ、ある科学分野の専門家たち、それだけでなく周辺の多くの科学者・専門家たちが政府・県や電力会社に肩入れしているのではないか。三・一一後に広まった「御用学者」という語にはそうした懸念が込められている。もちろん学界にはこうした科学者・専門家のあり方に批判的な人々も多いのだが、彼らの声が十分に大きく、被災地の市民を元気づけたとは言えないだろう。

では、多数派の放射線影響専門家らが放射能被害を懸念する多くの住民に疎まれるような立場に立つようになるのは、いつ頃からでどのような経緯を経てのことなのだろうか。一九五四年、第五福竜丸がビキニで被爆し広く核実験による被害が懸念され、その後、大国の核実験への懸念が高まっていったときは違う。たとえば、三宅泰雄『死の灰と闘う科学者』（岩波新書、一九七二年）は、この時期に焦点をあて、

日本で「放射線影響と原子力平和利用」という二つの新しい科学分野の形成されてくる過程について述べている。

そこでは、核開発の立場からの科学の統制への懸念が述べられているものの、まだ「科学者の自主性と、学問、思想の自由」を守るという信念は力強く述べられている（ii–iiiページ）。とりわけ放射線健康影響の分野では、国民の安全のために奮闘した科学者の活動に多くの紙数がさかれている。

放医研が市民の関心と自由な学問から遠ざかっていく経緯

だが「原子力のための二つの研究所」について述べた最終章（第七章）は、暗いトーンが強まっている。二つの研究所というのは、日本原子力研究所と放射線医学総合研究所（放医研）だが、本書により関わりが深い放医研については、次のように述べられている。

放医研をつくるにあたっては、科学者の自主的な研究を目指して日本学術会議も共同利用研究所の理念に基づく案を出していた。そこには「関係専門分野の研究機関、特に全国の大学と密接に連絡を保って運営すること」という条件も付されていた。しかし、この研究所のプランと並行して科学技術庁が発足し、放医研は文部省の管轄下の大学とは別の官庁に属することとなった。「こうして大学と、この新しい研究所とが「公的に」交流する道は、完全にとざされてしまったのである」と三宅氏は歎いていた（一九七ページ）。

やがて放医研は、第五福竜丸の乗組員たちから、放射能の被害者に対して冷たい対応をとる機関として批判されるようになる。乗組員の一人である大石又七氏の『ビキニ事件の真実――いのちの岐路で』（みすず書房、二〇〇三年）には、放医研で診察を受けたにもかかわらず、肝臓の障害について知らされなかったことが批判的に叙述されている。そして、一九九五年一〇月の毎日新聞大阪版の山内雅史記者の記事を紹介している。

関係者によると、放医研は九一年から乗組員の採血でC型肝炎ウイルスの有無を調べ始めた。その結果、診断に訪れていない二人を除く十三人中、十二人について感染を確認した。

しかし、放医研は感染した乗組員に対し通常の医療機関が行うウイルスの種類や特徴などを知らせていなかった。（中略）

放医研は、福竜丸の被曝を機に五七年に設立。乗組員について、任意の検診を毎年一回実施しているが、治療行為は行わない。

医療関係者によるとC型が確認されたのは八八年。ウイルスによる肝臓病の七五％はC型とされる。輸血感染の場合、約二〇年で肝硬変になり肝臓ガンに進むケースも多いが、治療法は確立しつつある。

赤沼篤夫・放医研障害臨床研究部長の話「放医研の仕事は乗組員の障害がどのような状態か調べることにある」。（一〇〇－一〇一ページ）

ＡＢＣＣ以来の放射線被ばく研究の歴史

放医研が五〇年代に設立されてから、ここで取り上げられている九〇年代へとどのような歴史をたどったのか――この問いに答える準備は進行中だ。ここで示唆されている「調査すれども治療せず」という放医研の体質は、原爆被爆者に対するＡＢＣＣ、後の放影研（放射線影響研究所）の姿勢と重なりあうものだ。こうした姿勢を当然と考える科学者・専門家が日本の中でも次第に増加していったのだろうと想像される。

笹本征男『米軍占領下の原爆調査』（新幹社、一九九五年）は「原爆加害国になった日本」という副題をもつ。これは「調査すれども治療せず」の姿勢、また、放射線被ばくの被害を過小評価するアメリカの調査姿勢が、いつしか日本の科学者・専門家のものになっていくことを示唆したものだ。放影研や放医研、また他の研究機関において、こうした変化がどのようにして生じたのか、丁寧な歴史研究が必要とされている。

本書はそうした丹念な歴史研究にはほど遠いものだが、第二章、第三章では、一九八〇年代後半以降の時期に限って、放射線健康影響研究の分野で起こった変化の主要な側面について考察してきたつもりだ。

近藤宗平氏と菅原努氏

第二章と第三章で論じたことの要点を簡略に述べるために、ここでは近藤宗平氏（元阪大医学部教授）と菅原努氏（元京大医学部教授）の二人に登場してもらおう。この両者は第二章で取り上げた低線量放射線の健康影響についての研究と、第三章で取り上げた「安全・安心」言説の双方に関わり、八〇年代後半以降の日本の保健物理や核医学に多大な影響を及ぼした科学者だ。この両者は八〇年代の前半にすでに低線量被ばくのリスク問題に強い関心をもっていた。近藤宗平『人は放射線になぜ弱いか』初版（講談社、一九八五年）、菅原努監修『放射線はどこまで危険か』（マグブロス出版、一九八二年）を読めば分かるとおりだが、そこには低線量放射線の健康影響はないとか、放射線は低線量でしきい値があるのではないかという考えはほとんど出ていない。

ところが、一九九一年の近藤宗平『人は放射線になぜ弱いか』改訂新版や二〇〇二年に菅原努氏が松浦辰男氏とともに報告した論文「被爆者の疫学的データから導いた線量―反応関係――しきい値の存在についての考察」（第二章参照）を見ると、大きく変わっている。この間に低線量放射線被ばくによる健康影響にはしきい値があるという考え方に傾いていったことがよく分かる。八〇年代の後半、電中研の服部禎男氏がこの両大家に働きかけたことが思い起こされる。服部氏と連携した近藤氏や菅原氏は、日本の低線量放射線のリスク評価研究を原発推進の方向へ大きく転換させようとし、それを軌道に乗せていく。

政府・電力会社と放射線健康影響専門家

序章でやや詳しく紹介した『国会事故調報告書』では、「規制当局と電気事業者との「虜」の関係」（四七六ページ）に注目し、「原子炉設備に関する規制のみならず、放射線管理についても同様の働きかけを行っている」ことを論点に取り上げている（5．2．3、四七七ページ〜）。

電気事業者は事故前より放射線防護規制を緩和させようとしていた。そのために、放射線の健康影響に関する研究については、より健康被害が少ないとする方向へ、国内外専門家の放射線防護に関する見解については、防護や管理が緩和される方向へ、それぞれ誘導しようとしてきた。具体的には、以下のような見解を支持する研究や防護・管理の方針が進むことを期待していた。（四七九ページ）

そして、いつどのような場で示された資料であるかは明らかにされていないが、次のような「電事連資料」をいくつか例示している。

1．線量蓄積性に関する研究→線量影響が蓄積しないことが科学的に実証されれば、将来的に線量限度の見直しなどに大幅な規制緩和が期待できる。
2．リスクの年齢依存性に関する研究→リスクの年齢依存性が科学的に実証されれば、将来的に年齢毎の線量限度の設定など一部規制緩和が期待できる。
3．非がん影響に関する研究→最近、EUを中心に科学的な知見が不十分であっても予防原則の観点から厳しい放射線防護を要求する動きが強まっていることから、非がん影響についても過度に厳しい放射線防護要求とならないよう研究を進める必要がある。（四七九ページ）

こうした働きかけが実際にどのような研究に具体化されていったかについては第二章である程度、示すことができたと思う。そこに電気事業者だけでなく政府(自民党政権)が深く関与してきたことも明らかだ。

3. 被災住民側ではなく政府側に立つ科学者

チェルノブイリ事故における日ソの専門家の協力

政府が被害の過小評価を望み、放射線影響学者や核医学者がそれにそって動いてきたことについて、ここでは一九八〇年代末の一時期に焦点をあてて見ておきたい。レオニード・イリーン『チェルノブイリ――虚偽と真実』(長崎・ヒバクシャ医療国際協力会、一九九八年、原著は一九九四年)は格好の資料だろう。この訳書の監修者は重松逸造・長瀧重信の両氏、山下俊一氏が監訳者とされており、全七名の訳者による共訳書だ。

イリーンは自らが、国際放射線防護委員会(ICRP)や国連放射線影響委員会(UNSCEAR)(とりわけ後者)の他国の関係者たちとの交流を通して多くを得たことを誇る叙述も行っている。フランスのピエール・ペレリン、アメリカのフレッド・メットラーらとの交流がチェルノブイリ事故対策を立案する際に大いに力になったことが示唆されている(一八―二四ページ)。だが、他方、これも容易でなかったことも述べられている。イリーン自身、KGBにより五年間、国際会議への参加を禁止されていたとも述べている(一九ページ)。

イリーンは叙述の背後に、自らが外国の専門家と組んで世界的な防護基準にのっとった対策を示したにもかかわらず、旧ソ連内の科学者たちにそれが受け入れられなかったことは残念だったという主張を込めている。

もしチェルノブイリの事故の起こる前にロシアの科学者の中にこういう基本的な仕事について少しでも知っている人がいれば状況はかわっていたかも知れない。すなわち世界の科学者たちによって何十年かけてつくられてきたこのような放射線防護の哲学についてや、国連放射線影響委員会によって詳細にわたって示 されている疫学的データの研究と解釈の方法論について何が最も重要であるのかを知っている科学者がいたとしたら、チェルノブイリ事故の結果として起こった 医学的な出来事に対するバイアスのかかった評価は存在しなかったであろう。その誤ちが、世間の人々の考えに悪影響を及ぼすことになってしまった。（一二一ページ）

このイリーンをサポートするために、重松逸造氏は大いに働いた。『チェルノブイリ――虚偽と真実』の第六部第二章「チェルノブイリの放射線の影響に対する他の解釈。それらに対する日本人専門家のコメントと、ロシア人科学者による未出版の反論」を見てみよう。この章ではグロジンスキーという植物学者の、放射線の健康影響が無視できないとするインタビュー記事（一九八八年）に対する批判が数ページにわたって述べられた後、八八年にキエフを訪れた重松教授の地元新聞へのインタビュー記事が長々と引かれている。

ソ連政府系核医学者イリーンをサポートした重松逸造氏

イリーンを重松氏が強い意志をもって支えようとしたことがよく分かる文章なので、ここにも掲載しよう。

広島、長崎の生存者の研究を通して、ガン以外の疾病の発生率の増加を証明することは今迄のところできていない。細心の分子生物学的研究を用いても、遺伝学的影響は見つかっていない。影響が全くないという意味ではなく。そのレベルは検知出来ないほど低いということである。

キエフとチェルノブイリに関しては、その線量は日本のケースと比較すれば極めて低く、我々の経験からもこの地の人々の健康に対する悲惨な結果を予感させる根拠がないことは明らかである。しかし、研究は続けて行く必要はある。特に、人々の心配から生じるこれら問題の精神的側面の観点についてはそう言える。

広島・長崎の人々の間にカタル、アレルギー、伝染性の病気がほんの少数観察されるものの、今や原爆生存者は最も高い平均寿命のグループである。これは、彼らの健康に対して特別な注意が払われていることの結果である。彼らは毎年、二、三回の健康診断を無料で受けている。注目すべきことは、被曝した人々はそうでない人に比べてはるかに健康に対する不安が多いことである。これは病因学的というよりはむしろ心理学的な現象であるように思われる。広く広がったこの病気（日本では「原爆症」と呼ばれる）に対する治療法を誰が知っているというのだろう。現代の医学においても、本当の愁訴と単なる主観的な訴えを区別することができないので、我々は全ての不満に対して対応しなくてはならない。悪性新生物とその医学的物質による防護策については、以下の点を心に留めていて欲しい。

理論上では、環境上のほんのわずかな放射線の増加でさえ、ガン発生率の増加につながるかも知れない。これは例えば、放射線によって百万人に一人多くガンが発生するようなものである。しかし現段階では誰がそのガンにかかるかを確定させることはできない。もし全員に対して治療を行ったとすると、九九万九、九九九人が不必要な医療を受けることになる。（中略）

ソビエト連邦のような多くの国民に、この治療を行うことは可能であろうか？　仮に可能であるとしても、一人の健康のために、無害とは言えない物質によって毒される九九万九、九九九人の健康状態についての配慮をしなければならない。もっと安全な防御方法を考える方が意味があるように思われる。例えば、肉とウォッカの消費についてとかである。（四一九－四二一ページ）

重松氏は一九八八年訪問中のキエフで、ソ連の放射線防護医学の責任者であったイリーンが望んでいたとおりのことを新聞記者に語っていた。だが、この段階で重松氏はチェルノブイリ事故による環境汚染についてどれほどの知見を得ていたのだろうか。また、住民の健康状況についてはどうか。少なくとも地域での住民の状況については、多くを知らなかったはずだ。これは科学的な判断と言えるだろうか。

なお、以上の論点については、「イーリンと重松氏の連携が3・11後の放射線対策にもたらしたもの」（CSRP市民科学者国際会議実行委員会編『市民科学者国際会議会議録――福島第一原発事故の健康影響の究明と今後の対策確立のための科学的基盤』CSRP市民科学者国際会議実行委員会、二〇一二年）により詳しく述べられている（後に、『原発と放射線被ばくの科学と倫理』（専修大学出版局、二〇一九年）に第Ⅱ部第四章として収録）。

同時期の公害被害訴訟と重松逸造氏

重松逸造氏はその後、ソ連政府の依頼によってIAEAが一九九〇年から九一年にかけて行った国際チェルノブイリ・プロジェクトの調査委員会の委員長を務めることになる。この委員会のレポートの内容については、すでにあらまし見てきた。こうした重松逸造氏の行動は、彼が日本の公害事件や原爆訴訟に関わって、政府側の科学者としてとってきた態度を見るとだいぶ理解しやすくなる。

広河隆一氏は重松氏が原爆の「黒い雨」訴訟や人形峠のウラン転換試験においても、また水俣病、イタイイタイ病、岡山の薬害スモンなどの公害事件においても被害の原因を認めようとしない政府や企業の側に立ってきたことを示している（広河隆一『チェルノブイリから広島へ』岩波ジュニア新書、一九九五年、第五章「広島とＩＡＥＡ調査」）。広河氏が例示する一九九〇年前後の新聞記事をここにも引かせていただく。

（１）環境庁の水俣病調査中間報告――「頭髪水銀値は清浄」、論議必至

環境庁は水俣病の健康被害調査・研究の総括的な評価を日本公衆衛生協会に委託してきたが二十二日、昭和五十五年の研究開始以来十一年ぶりに中間報告をまとめた。……昭和五十五年に放射線影響研究所の重松逸造・理事長を班長とする委託研究班が発足・活動してきた（一九九一年六月二三日付読売新聞）

（２）黒い雨「人体影響認められず」

広島県、広島市共同設置の「黒い雨に関する専門家会議」（座長、重松逸造・放射線影響研究所長、十二人）は、一三日、「人体影響を明確に示唆するデータは得られなかった」との調査結果をまとめた。今回の調査結果について、高木仁三郎・原子力資料情報室世話人は「他の疫学調査の例をみても、四十人や五十人ではお話にならないほどのサンプル数の少なさだ」と批判的。（一九九一年五月一四日付毎日新聞）

（３）イタイイタイ病追究十三年、カドミ誘因に消極的。

十三年の年月と十億六千万円をかけても研究の結論は出なかった――。わが国公害病の第一号、イタイイタイ病について環境庁の委託で原因を調査していた「イタイイタイ病およびカドミウム中毒に関する総合的研究班」（会長・重松逸造放射線影響研究所理事長）は八日夜、中間報告を発表したが、「カ

ドミとの関係について、さらに研究を続ける」とし、イ病の発症過程を解明するに至らなかった。イ病では、認定患者百五十人のうち、既に百三十四人が激痛の中で死亡している」（一九八九年四月九日付読売新聞）

広河氏はさらに、重松逸造氏が岡山スモン訴訟においても、政府側研究班の班長として、キノホルムとの因果関係はないとしたこと、人形峠の動燃の回収ウラン転換試験の安全性の審査においても「環境放射線専門家会議」の委員長としてゴーサインを出していたことを示している（八八–九一ページ）。

原発推進に資する放射線健康影響研究

一九八〇年代後半以降、二〇一一年三月一一日に至るまで、放射線健康影響を専門とするかなりの数の科学者は、原発推進への貢献を目指す研究に取り組むとともに、原発推進に資するような言説を広めるようになっていた。

（1）低線量放射線被ばくの健康への悪影響は小さく、むしろよい影響があることを示すための実験的・疫学的研究

（2）低線量放射線被ばくの健康影響の科学的成果を、できるだけリスクが小さいとするもの中心に拾い上げ、小さい配慮ですむかに見せかける言説

（3）リスクへの不安や恐怖がマイナスの効果をもつことを示し、「不安をなくす」ことこそが被災住民の福利に資することを示そうとする研究

（4）安全だけではなく安心を得ることが重要だとして、日本人のリスク認識を批判したり、リスク

をより小さく見積もるリスク評価をサポートする言説

こうした研究や言説を育てるために、政府や電力会社等の関連経済勢力は多大な投資・支援を行ってきた。他方、この時期の科学者は研究費の調達に苦労し、国やスポンサーの求める方向での成果を上げるべく動機づけられる度合いを増していった。研究資金が原発推進に資する研究を歓迎する機関・組織・財源（外部資金・競争的資金）から得られる傾向が、急速に強まっていく時期だった。その結果、全国の大学や研究機関の関連分野の研究に、電中研、放医研、電力会社等が一段と大きな影響を及ぼすようになったと考えられる。また、政府も原発を推進するという立場から、そうした傾向をこれまで以上に積極的に後押しするようになった。

加えて、チェルノブイリ原発災害に日本の科学者が積極的に関わる過程で、（2）（4）がさらに強化された。その背後には、国内の公害や放射線被ばくに関する訴訟において、政府側に有利なデータを提示する少数の科学者を政府が繰り返し登用してきたという事態もあった。なお、二〇〇三年以降の原爆症認定訴訟は、放射線健康影響の政府側科学者が（2）（4）の方向で結束していくのを一段と押し進める結果を招き寄せた（原爆症認定集団訴訟・記録集刊行委員会編『原爆症認定集団訴訟　たたかいの記録』全二巻、日本評論社、二〇一一年）。

原発推進のための内外の科学体制

一九八〇年代の後半から顕著になる上記のような傾向の布石は、早くから置かれていた。政府や電力会社、あるいは原子炉関連産業と放射線健康影響の専門家が長期にわたる利害関係や共通関心で強く深く結びつき、それを批判的に評価するシステムが見あたらなくなっていた。三・一一以後、しばしば「ムラ」

という語で表現されたような、閉ざされた共同世界が成立していた。

これは偶然ではない。放影研や放医研の出自を考えれば自ずから理解できる。放影研はアメリカが軍事と結びついた核開発の推進のために閉ざされた組織として形成したＡＢＣＣ（原爆傷害調査委員会）がそのまま日米共同の組織となったものだ。また、放医研は文部省や厚生省の管轄ではなく、科学技術庁の管轄の下に置かれ、自由学芸という原則が曲がりなりではあるにしても受け継がれてきた大学からは切り離された組織として形成された。

これらの機関と関わりが深い科学者が、核保有国・国連安全保障理事会常任理事国の主導下にある国際放射線防護委員会（ＩＣＲＰ）や原子放射線の影響に関する国連科学委員会（ＵＮＳＣＥＡＲ）と連携して、国内の放射線健康影響に関わる政策立案と実行の権限を与えられてきたのだった。今後、丁寧に跡づけたいと考えているが、放射線「安全」神話が急速に力を強めていく一九八〇年代以降の展開の基盤は、すでに十分すぎるほどに固められていた。

この分野の科学がまっとうな道を歩み、「安全」神話から身を解き放っていくには、まずはこうしたシステムを見直し、異なるものへと転換しなくてはならないだろう。

研究者が科学・学術を批判的に捉え返す姿勢を養う

第一章の第1節で放射線健康影響に関する混乱の主たる要因について、吉川弘之氏の見方と神谷研二氏の見方とを対置した。神谷研二氏は市民の側のリスク理解能力の欠如が主要な問題だったと考えている。他方、吉川氏は三・一一以後の状況で、放射線健康影響に関わる情報で多くの市民が困惑したのは、市民側の理解力が作用しているとしても、それ以上に専門家側の情報提供やコミュニケーションの姿勢に大きな問題があったと考えている。私は吉川氏の見方に与する者だが、では、多様な専門分野の研究者たちはどうだろうか。

二〇一一年から二〇一二年にかけて、理系、文系を問わず、日本の研究者はこの点でさまざまに分岐している。科学者・専門家が適切な情報を提示してきたのに、市民が感情的な判断を続けているとか、一部の運動家やジャーナリストが不安をあおりそれに乗せられた市民が騒いでいると考えている研究者も多数存在する。二〇一一年の夏頃までの最初の段階ではそう考えていたが、その後、次第に日本の専門家の言説のおかしさに気づいたり、世界各地からの情報が入ってくるにつれて考えが変わったという研究者もいるだろう。

だが、科学者や科学ジャーナリストで早い段階で山下俊一氏や中川恵一氏や長瀧重信氏の発信する放射線リスク情報を受け入れてその立場を是とし、その後もその立場を維持しようともがいている人も多数見られる。しかし、事故後の早い時期にはまだ学んでいなかった事柄、たとえば原爆被害の疫学研究が加害国主導の下になされてきた事実、核開発と不可分だったＩＣＲＰの歴史、放射線リスクについて専門家の間で多様評価があるという事実、そして日本の専門家がＩＣＲＰ以上に楽観論に傾いてきた経緯などが分かってきた後でも、なお山下氏、中川氏、長瀧氏らのリスク評価や「不安をなくす」ことこそが課題だとするドグマ的な考え方を支持するのだろうか。

物理学から医学まで、広い範囲の自然科学者の間で、社会的に影響力の大きい科学者の提示する情報は信頼できるとする前提があり、それが批判的な思考の停止、すなわち「減思力」を助長したのではなかったか。多くの分野で権威ある科学機関や著名な科学者の提示する専門領域の情報は信頼できる。ところがそうでない分野があるということが見えてきた。その背後に政治的経済的な力が強く働いていることも見ないですますことはできないだろう。

人文学・哲学思想分野の責任

この度の原発事故では、国民の間に科学リテラシーを培うことの必要性が強く意識された。それに異議はないが、あわせて次のような発言にも耳を傾けるべきだろう。日本学術会議哲学委員会の野家啓一委員長によるものだ（『日本学術会議第1部ニューズレター』第二一期七号、二〇一一年六月八日、以下のウェブサイトで閲覧できる。http://www.scj.go.jp/ja/member/iinkai/1bu/pdf/letter21-7.pdf）。

> ……日本学術会議はこれまでも「サイエンス・カフェ」などに代表される科学コミュニケーションを通じて啓蒙活動を展開してきた。だが、それは科学の楽しさや面白さを伝えることには貢献したが、科学技術の不確実性や危険性について正確な情報を伝えることには欠けるところがあったのではないか。今回の原発事故でも、周辺住民には「安全神話」しか伝えられてはいなかったのである。「科学リテラシー」とは、科学の正負両面を踏まえた上で、確かな選択と判断ができる能力のことであろう。だとすれば、真の意味での「科学リテラシー」は人文社会科学の知見に基づいた「社会文化リテラシー」によって補完されねばならない。その意味で、「三・一一以後」の世界は、私自身を含めた第1部の構想力と批判力が試される正念場なのである。（三ページ）

理系と文系という区分でいうと、本書では文系の研究者が理系の研究者を批判する構図になっている。だが、それは文系の研究者に問題がなかったということを意味するものではない。科学と社会の関わりについて、人文社会系の研究者の関心が低く、とりわけこの問題の倫理的・哲学思想的な次元についての考察が乏しかった。理系の科学者・専門家が科学者の責任やリスク・コミュニケーションについて考える際にその手助けとなるような人文学や哲学・思想系の研究者の仕事が乏しかった。科学者や専門家の「社会的リテラシー」を高めるための土台を築いてこなかったと言い換えることもできるだろう。

科学と社会の関わりのあり方をめぐって、人文社会系の研究者、とりわけ人文学・哲学思想分野の研究者がなすべき仕事は多い。それをなすための基盤が整っているというにはほど遠い現状だ。この状況を改善していくことは日本の人文学・哲学思想分野の研究者に課せられた重い責務と考える。

あとがき

本書は初版が二〇一三年に刊行されたもので、その増補改訂版である。おおかたの叙述は改めていない。福島第一原発事故が起こってから二年足らずの間に調べ、考えてきたことをまとめたものが主体である。しかし、第一章6節は初版の内容は削除し、この七年間の事態の推移を念頭において新たに書き足している。また、アップデートするために書き足したり、修正したりした部分は少なくない。

なお、私は二〇一九年に本書と同じく専修大学出版局から『原発と放射線被ばくの科学と倫理』という論文集を公表している。また、その前年の二〇一八年には、伊藤浩志氏とともに、『「不安」は悪いことじゃない――脳科学と人文学が教える「こころの処方箋」』（イーストプレス）という書物を著している。

二〇一三年以降、福島原発から飛散した放射性物質に対して過剰な不安をもつことこそが、放射性物質そのものよりもっと大きな被害をもたらすという議論が専門家らにより説かれ続けてきた。上記の二著、とくに『原発と放射線被ばくの科学と倫理』では、本書で取り上げた問題への理解をさらに深めようとしている。しかし、放射線の健康影響をめぐる問題状況の叙述という点では、本書がもっとも広く、かつ詳細に論じている。

さて、自分の専門分野というと宗教学・死生学だと名乗る私だが、本書のような主題に取り組むようになった経緯をかんたんに述べておきたい。

私は一九九七年に政府の科学技術会議生命倫理委員会に、二〇〇一年からは省庁再編により総合科学技術会議生命倫理専門調査会に所属し、二〇〇四年までクローン胚の作成やES細胞の研究の是非についての討議に加わった。そのとき、私は現代の医学や生命科学において、倫理的な規範性を保つのがきわめて難しくなっていることを痛感した。

その折に考えたことは、『いのちの始まりの生命倫理――受精卵・クローン胚の作成・利用は認められるか』（春秋社、二〇〇六年）にまとめてある。その経験から発展して、医学や生命科学が「いのちの尊さ」を軽んじたり、人のいのちをモノのように遇してきた歴史やその度合いを強めるかもしれない可能性についても検討するようになった。このような問題意識からまとめた共編著が何冊かある。

『スピリチュアリティといのちの未来――危機の時代における科学と宗教』（永見勇と共同監修、人文書院、二〇〇七年）

『人間改造論――生命操作は幸福をもたらすのか？』（町田宗鳳と共編、新曜社、二〇〇七年）

『悪夢の医療史――人体実験・軍事技術・先端生命科学』（W．ラフルーア、G．ベーメと共編著、勁草書房、二〇〇八年。なお、本書は英語版とドイツ語版もある）

『いのちを〝つくって〟もいいですか？――生命科学のジレンマを考える哲学講義』ＮＨＫ出版、二〇一六年

これらの書物で追究した問題と、本書で考察している問題にはさまざまなつながりがあるが、その中には個人的な事情もある。

私の祖父は二人とも医学者で私の父も医学者だったので、私も当たり前のように大学入学時は医学部進学を志望した。幸い一九六七年に入学できたが、すぐに東大医学部紛争が起こった。そこで問われたことには医学界の権威主義や倫理性の軽視も含まれていた。

そうした経緯もあって私は方向を転じ、文学部の宗教学科に転じた。卒業論文では「フロイトと宗教」を取り上げたが、そこにも医学への関心が反映している。その後も宗教と医療の関係には関心をもち続け、医学史に関わりがある『〈癒す知〉の系譜――科学と宗教のはざま』（吉川弘文館、二〇〇三年）など「癒し」「セラピー」に関わる著作もいくつかまとめてきた。

三・一一以後の状況では、生命倫理への関心とともに、医学史への関心も再びよびさまされた。祖父や父の経歴が度々思い起こされた。祖父の田宮猛雄は一九四五年前後に東大の伝染病研究所の所長や医学部長を務めた。ＧＨＱが軍事的な意味が大きい伝染病研究所（伝研、今の医科学研究所＝医科研）を東大から切り離そうとしたときに、南原繁総長とともにそれに抵抗したという話が伝わっている。だが、実はこれは妥協だった。伝研を東大に残すかわりに、新たに外に予防衛生研究所（予研）を作ることになった。七三一部隊に関わった医学者がこの予研に所属することになり、予研はまたアメリカのＡＢＣＣ（原爆傷害調査委員会）に協力することにもなる（武見太郎編『田宮猛雄先生を偲ぶ』メディカル・カルチャー、一九六四年、小高健『伝染病研究所――近代医学開拓の道のり』学会出版センター、一九九二年、笹本征男『米軍占領下の原爆調査――原爆加害国となった日本』新幹社、一九九五年）。

田宮猛雄の専門分野は公衆衛生学であり、つつが虫病の疫学的研究を手がけていた。本書にも度々登場する重松逸造氏とは同分野であり、水俣病の病因認定にも関わっている。一九六〇年、日本化学工業協会が設けた水俣病研究懇談会で日本医学会会長として委員長を務めた。この会は「田宮委員会」とよばれ、有機水銀説の確定を遅らせ、結果的に新潟の第二水俣病も含め、被害を拡大させる結果を導いたとされている。

また、父の島薗安雄は精神医学を専攻し、敗戦当時、東大医学部で研修していたが、原爆投下後の調査のために広島に派遣され、九月一三日から二六日まで、広島で遺体の脳組織が放射線によりどのようなダメージを受けているかの調査にあたり、標本を残し、おそらく入市被ばくした（日本学術会議原子爆弾災害調査報告書刊行委員会編『原子爆弾災害調査報告』日本学術振興会、一九五一年）。

原爆による放射線が子どもの脳に特殊な害を及ぼすことを示唆する報告に添えられたその標本は、後に占領軍によってアメリカに持ち去られた。七六歳で白血病で死亡したが、入市被ばくの影響によるかどうかは分からない。この調査のことについて父は一、二度ポツリと話をする程度だったが、よい記憶でなかったことは確かだ。

こうした個人的な背景もあって、公害や核に関わる被害の医学的問題に関心はあったものの、公害と医学の関わりについても、放射線健康影響や核医学の歴史についても詳しく学ぶ機会はなかった。三・一一によってその機会を与えられたと思っている。

二〇二〇年の新型コロナウイルス感染症の流行の際も、医学関係の専門家に対する信頼が大きく揺らぐ事態となった。祖父や父は厚生省に協力をすることが多かったし、国立感染症研究所を遡ると、祖父が所長をしていた伝染病研究所に行き着く。祖父や父は公衆衛生・精神衛生に関わる専門家を自認しており、その側面から政治と科学の間に深く関わってきたことを、あらためて思い起こすことにもなった。

二〇一六年には相模原障害者殺傷事件があり、また、戦後の優生保護法によって精神障害者への強制不妊手術などの差別的処遇が行われていたことが問われているが、精神医学の専門家としての父が精神障害の遺伝についてしばしば語っていたことを思い起こさざるをえなかった。父は一方でひとりひとりの苦しむ人たちのために働く臨床医という自覚を強くもっていたが、新型コロナウイルス感染症に関わって臨床医と政府に近い専門家の間で大きな齟齬が生じた事態を見たら、どう感じただろうと思い返してもいる。

本書で取り上げた課題を追求する間に、ご教示を受けた方々はたいへん多い。本書で述べたことの多くは、ツイッターやブログで発信したが、それを見て新たに参考になる資料を示して下さる方が多数おられた。さほど多いわけではないが、福島県の各地を訪れた折に対話を通して、学ばせていただいたことはとくに貴重だった。たいへん多くの方々のお世話になったので、お名前を記すことは省かせていただくが、この場を借りてあらためてあつくお礼を申し述べたい。

なお、本書、第一章の内容は、以下の既発表稿を利用していることも申し添えたい。

「加害側の安全論と情報統制――ヒロシマ・ナガサキからフクシマへ」『神奈川大学評論』創刊七〇号記念号、二〇一一年一一月
「科学者はどのようにして市民の信頼を失うのか？――放射線の健康への影響をめぐる科学・情報・倫理」一ノ瀬正樹・伊東乾・影浦峡・児玉龍彦・島薗進・中川恵一『低線量被曝のモラル』河出書房新社、二〇一二年二月
「多様な立場の専門家の討議、そして市民との対話――権威による結論の提示か、情報公開と対話か」『学術の動向』二〇一二年五月
「低線量被曝評価と科学の歪み」『科学』第九〇巻第二号、二〇二〇年五月

本書の初版が刊行された後も、放射線の健康影響に関わる苦悩は長く続いてきた。科学者・専門家とともに人文社会系の研究者がこの問題に貢献できる部分は広がってきているように思う。科学・学術の信頼回復のために、また、各地で進んでいる裁判での真実究明の過程にも一定の役割を果たすことができるは

ずである。

この問題をめぐる学術情報が少しでも充実し、被災地住民や避難者を初め、健康被害を気遣っておられる方々の力になってくれることを切に願っている。

二〇二一年一月二〇日

島薗　進

本書は二〇一三年に河出書房新社から刊行された『つくられた放射線「安全」論——科学が道を踏みはずすとき』の増補改訂版である。

島薗 進（しまぞの・すすむ）
1948年生まれ。専門は宗教学、死生学、応用倫理学。東京大学名誉教授。上智大学大学院実践宗教学研究科教授、同グリーフケア研究所所長。
著書に、『原発と放射線被ばくの科学と倫理』（専修大学出版局）、『いのちを“つくって”もいいですか？』（NHK出版）、『国家神道と日本人』（岩波新書）、『ともに悲嘆を生きる――グリーフケアの歴史と文化』（朝日選書）、『〈癒す知〉の系譜』（吉川弘文館）、共著に『近代天皇論』（集英社新書）、『つながりの中の癒し』（専修大学出版局）、『「不安」は悪いことじゃない――脳科学と人文学が教える「こころの処方箋」』（イーストプレス）など多数。

増補改訂版
つくられた放射線「安全」論

2021年3月11日　第1版第1刷

著　者　島薗　進
発行者　上原　伸二
発行所　専修大学出版局
〒101-0051　東京都千代田区神田神保町3-10-3
株式会社専大センチュリー内　電話 03-3263-4230
印　刷
製　本　モリモト印刷株式会社

ISBN978-4-88125-357-1